LOCUS

LOCUS

LOCUS

LOCUS

from

vision

from 49　決定未來的10種人

The Ten Faces of Innovation

作者： Tom Kelley & Jonathan Littman
譯者：林茂昌
責任編輯：湯皓全
美術編輯：林家琪
校對：張家彰（渣渣）
法律顧問：全理法律事務所董安丹律師
出版者：大塊文化出版股份有限公司
台北市 105 南京東路四段 25 號 11 樓
www.locuspublishing.com
讀者服務專線： 0800-006689
TEL ：(02) 87123898　FAX ：(02) 87123897
郵撥帳號： 18955675　戶名：大塊文化出版股份有限公司

總經銷：大和書報圖書股份有限公司
地址：新北市新莊區五工五路 2 號
TEL ：(02) 89902588 (代表號)　FAX ：(02) 22901658
製版：瑞豐實業股份有限公司
初版一刷： 2008 年 4 月
初版十七刷： 2016 年 6 月

定價：新台幣 350 元
Printed in Taiwan

決定未來的10種人

The Ten Faces of Innovation

10種創新，10個未來

Tom Kelley
Jonathan Littman 著

林茂昌 譯

目次

獻給我的家人

太太、芭蕾舞舞者，和小帥哥

因為他們容忍我、體諒我、並且愛我

感謝詞

如果你有一種浪漫的想法，堅信作者可以像個貧困的藝術家，在昏暗的閣樓裡孤芳自賞而長期案牘勞形，那麼，你可以跳過本頁。雖然，把作品化為實際的白紙黑字的確是非常孤獨的工作，但實際上，一本書得以完成，必然要集眾人之力。我不打算在此把所有參與人士一一臚列出來，但你現在手上所拿的這本書，參與人員超過一百個以上。

在此，我謹列出十幾個人或團隊，以致上特別的謝忱：

史考特・安達渥得（Scott Underwood）運用他在字彙上像百科全書般的知識，提供我在句法、文法，以及寫作風格上的建議。我從安達渥得所學到的英文細節，比教授教我的還多。我欠他的不只是友誼而已，還有我由衷的感激。

布里吉特・芬（Brigit Finn）是奧運選手兼記者，她在《商業二・〇》（*Business 2.0*）雜誌的工作非常繁忙，仍願抽出時間，幫我調查數十個創新的故事，有時候我覺得，本書也許就是受了她的影響，採用非常多的奧運典故來作比喻。

布蘭登・波伊爾（Brendan Boyle）和大衛・黑固德（David Haygood）二人非常出色，他們在創新這個主題之下，從數十件的親自訪談案，以及數千封電子郵件回函中，得到了豐盛的結果，貢獻最大。如果他們在本書中所出現的次數比別人還多，那是因為他們持續地提供我許多有用的資訊——即使在我停止向他們要資料之後，依然如此。

馬克・賀雄（Marc Hershon）慷慨地把他位於瀟灑麗都（Sausalito）的「靜思廬」借給我，作為寫作時的藏身處，讓我可以定期逃離ＩＤＥＯ辦公桌那個頻頻受擾的環境。其實，馬克借給我的地方有一道門——只是我從來就沒機會去把它關上。

韓特・威莫（Hunter Lewis Wimmer）運用他各種設計天分以及學術技巧，把我的模糊要求轉化成具體的設計單元，例如封面和各章的引言。這本書的外觀，就是借重他的經驗所設計出來的，並且還得到他的出版許可。

你在本書中所見到的每一張影像，幾乎都是琳・溫特（Lynn Winter）四處搜尋、拍攝、或取得的，當我為這些影像工作感到幾近筋疲力盡時，她總是能夠為工作注入能量和毅力。

我的正常工作時段用於撰寫本書的時間，遠比我原先所想像的還要多，而提姆・布朗（Tim Brown）、大衛・史壯（David Strong），和彼德・考夫蘭（Peter Coughlan）卻依然能夠勉強維持他們的耐性來支持我的寫作工作。我原本以為，寫這本書要用晚上和週末的時間，這個想法很正確，卻不夠完整，因為寫作工作除了用掉晚上和週末的時間之外，還超出預期，花掉了好幾百個正常工作日的時間。

我的經紀人，也是良師益友，理查・亞培特（Richard Abate）以及雙日出版社（Doubleday）的執行編輯，羅傑・史克爾（Roger Scholl）在寫作的世界裡，（再一次）給我許多的協助。還有，克理斯・福群納多（Chris Fortunato）和他神奇的書籍裝訂小組，在整個裝訂過程中和進度競賽（雖然要跨越障礙），速度竟然比我的預期快了一倍。

最後，是我的哥哥大衛（David），因為他，這本書得以完成，他不只是創立了IDEO，埋下書中許多概念的種子，而且，這半個世紀以來，他一直是我最佳的顧問和導師。除此之外，他還把他的史丹佛辦公室借給我用——那個地方後來成為我另一遠離塵囂專心寫作和編輯的祕密場所。我知道，我永遠無法報答他，而且——更好的是——他也不求回報。

喬納森・李特曼（Jonathan Littman）對本書的貢獻非常大，以致於我不知道在此向他致意是否適當，因為他原本就應該在本書裡寫一篇他自己的感謝辭。有很多手稿，我根本就分不出是他寫的還是我寫的，我們已經如此密切地合作了六年。即使其他人以許多不錯的機會誘惑他，他還是忠心耿耿地守著本案。

我太太弓子（Yumiko）並沒有直接參與本案，但是過去這十八個月來，她卻承擔了更多的教養子女責任，好讓我專心地徜徉在寫作裡。弓子和我的家人在這段期間的犧牲很大，卻還一直支持我。我絕對不會將此視為理所當然。

至於其他人，你們都知道你們自己是誰了：惠尼・摩泰爾（Whitney Mortimer）和黛比・史登（Debbe Stern）是讓人信賴的顧問；喬安妮・市木（Joani Ichiki）和凱瑟琳・休斯（Kathleen Hughes）不厭其煩地支持我；凱蒂・克拉克（Katie Clark）和瑪格莉特・理閣理索（Marguerite Rigoglioso）自願來協助我；伊理雅・波可波夫（Ilya Prokopoff）、查爾斯・華倫（Charles Warren）、和希拉蕊・賀伯（Hilary Hoeber）等改造小組（Transformation）的同事；保羅・班耐特（Paul Bennett）、羅比・史丹索（Roby Stancel）、地牙哥・羅迪葛芝（Diego Rodriguez）、和傑德・莫力（Jed Morley）為我做許多深思熟慮的檢討；還有許多人鼓勵我：湯姆・彼得斯（Tom Peters）、巴布・塞頓（Bob Sutton）、瑪爾坎・葛拉威爾（Malcolm Gladwell）、朗・艾維哲（Ron Avitzur）、史帝芬・湯奇（Stefan Thomke）、史帝文・丹寧（Stephen Denning）、賽斯・高汀（Seth Godin），以及第三十三小組。

各位，謝啦。我希望你們會很高興看到這本書終於完成了。

湯姆・凱利 Tom Kelley
tomkelley@ideo.com

引言

超越魔鬼代言人

我們都有這樣的經驗。在重要的會議上，你把自己所熱衷的新構想或建議案提出來。起初，討論進行得很順暢，所以支持的聲音也不斷湧現，眼看著就要過關了。然而，就在這個要命的時刻，有人加入討論，插進了這段決定性的話：「讓我來當一下魔鬼代言人吧……」而你的希望也因此破滅。

這句話表面上無傷大雅，卻形成一道可怕的力量，保護著說這句話的人，讓他覺得，他可以完全不受拘束攻擊你的構想，而且，這樣做並不會遭到任何懲處。因為真正對你嚴加批評的並不是他們。基本上，他們會說：「是魔鬼要我這麼做的。」他們把言詞攻擊的責任推得一乾二淨。但是，在他們攻擊結束之前，你才孕育出來沒多久的想法，早已付之一炬。

魔鬼代言人這招很厲害，但絕非罕見，因為，在美國企業的專案討論會或董事會裡，就經常可以看到。而這麼簡單的一句話，其所能產生的殺傷力，才是真正令人訝異的事。事實上，魔鬼代言人也許就是創新的最大殺手。這個負面角色之所以會有這麼大的危害力，是因為他們的威脅往往讓人不知不覺。每一天都有成千上萬的新構想、新觀念、和新計劃，在含苞未放之時就被魔鬼代言人給摘除了。

為什麼我們要如此譴責這個角色？因為魔鬼代言人鼓勵創意殺手，對結果作最負面的假設，只看事情悲觀的一面，只看麻煩和眼前的災難。防洪閘門一旦打開，他們就會以負面的洪水，淹沒新提案。

為什麼你該關心此事？又為什麼我認為這個問題很重要？因為創新是所有組織的生命之血，而魔鬼代言人會危害你的事業。這可不是無關痛癢的小事。創新對於企業的健全性以及未來力量，其重要性已無庸置疑。即使是《經濟學人》（*The Economist*）這樣穩重的英國刊物，最近也宣稱：「我們認為創新是現代經濟最重要的單一因素。」而《經濟學人》對於國家經濟的看法，也同樣適用於組織。四年前我所出的第一本書，《創新的藝術》（*The Art of Innovation*，中譯本：《ＩＤＥＡ物語》），探討ＩＤＥＯ的實務作法，此後我陸續和新加坡、舊金山、和巴西聖保羅（São Paulo）的客戶合作。同時，我們所參與的領域也不斷擴展，廣及醫療照護業、零售業、交通運輸業、金融業、消費性產業，及食品和飲料業等。我親身見識到，幾乎所有的產業以及市場領域，都已經把創新視為重要的管理工具。而且，雖然我們在ＩＤＥＯ，把大多數的時間花在實體產品世界的創新工作上，但最近我們開始看到，創新已經成為整個組織文化的轉型工具。好的產品固然是企業成功的重要因素，但企業如果想要在今日這個競爭環境中脫穎而出，還要具備更多的條件。企業經營範疇中的每個環節、每個面向，以及每個小組成員，在在都需要創新。打造一個積極變革的環境，以及富有創造力和銳意革新的文化，意味著打造出一家三百六十度完全創新的企業。而企業如果想要在創新上有所成就，就必須有全新的眼光。新的觀點。以及新的角色。

人們逐漸體認到，培養創新文化是成功的關鍵，就和制定競爭策略以及維持不錯的獲利能力同等重要。波士頓顧問公司（Boston Consulting Group）最近對大約五十個國家中的各種企業作調查，發現高階主管十個有九個認為經由創新來促進成長，是公司在業界成功致勝的基礎。商業雜誌過去一向以營業額、成長率、和獲利能力來為企業排序，如今也採用企業的創新成果來作為排序基礎。雖然併購可以帶來綜效，雖然企業改造可以把作業合理化，但創新的文化才是長期成長和品牌發展的終極因素。許多企業的作業和財務已經達到最佳化的狀況了，如今，他們認為經由創新來成長，才是他們和全球市場競爭的最佳策略，因為在全球經濟裡，許多競爭者的資源，其成本更為低廉。誠如我的朋友湯姆·彼得斯所說，你無法光靠節約而變得偉大。我們可以把當前國際商務這個全球大悶鍋視為一個嚴酷的競爭環境，你不是靠創新而成功，就是慘遭淘汰。今天，企業在既有營運上所產生的價值，低於他們在創新能力、適應能力，和推出新夢想能力上所能產生的價值。不論你賣的是消費性電子產品或金融服務，你所提供的產品或勞務，在創新和更新上的頻率必須越來越快。

> 即使是《經濟學人》這樣穩重的英國刊物，最近也宣稱：「我們認為創新是現代經濟最重要的單一因素。」

連環創新的成就

在我正要完成此書之時，Google已經是全世界搜尋引擎的領導廠商，他們正以極快的腳步進行創新，每個月不是推出一項新服務功能，就有一件併購案——從搜尋全世界最大圖書館的稀有書籍、流覽全球任何地點的空照圖、到掃描昨晚電視節目的副本。在Google還沒推出桌面搜尋（Desktop Search）之前，我認為該公司不過是一家提供網路搜尋服務的公司。現在他們讓我相信，我也可以用他們的搜尋引擎尋找我自己的資料。

當然，連環快速創新的公司並不是只有Google一家而已。在各行各業裡有不少的公司都以連環創新聞名。謹列出我腦中最喜歡的幾家企業如下。

○戈爾公司（W. L. Gore & Associates），以透氣的戈爾特斯（Gore-Tex）纖維聞名，他們不只是生產神奇的透氣產品而已——各式各樣的東西，從吉他弦到人造血管——該公司還以平等主義及團隊組織聞名。戈爾公司避開了老闆和工作說明，營造出歡迎創意的環境，產生了一連串的靈活創新。最近，戈爾公司被稱為「全美最創新的公司」，而且名列德國、義大利、美國、和英國最佳工作環境的企業。

○吉列公司（Gillette）多年來以感應刀（Sensor）和鋒速三（Mach III）等一系列更好、更新的刮鬍刀系統，取得了可觀的市場佔有率。該公司並不因既有的成就而沾沾自喜，最近更傾全力把可觀的資源投入到更具野心的計劃：M3動力刮鬍刀。吉列公司這一路上已經發展出連續創新的文化，永遠比競爭者快一步。

〇德國有一家很特別的零售商，叫詩國公司（Tchibo），這家公司成立於一九五〇年代，剛開始時，還只是一家單純的咖啡店，但如今已經脫胎換骨，成為大家心目中國際級的零售商。詩國有一點像是星巴克（Starbucks）碰上布魯克史東（Brookstone），融合了便利咖啡店和各式各樣的流行商品。該公司的成功公式，有一部分是「每週推出一個新體驗」：針對全新的商品線（各式各樣的商品，從腳踏車到女性內衣），在短短的七天之內，大量進貨，並完成銷售工作。例如，詩國公司的報告上說，在他們推出望遠鏡特賣的那一週，其門市所賣出去的望遠鏡，比整個德國在前一年所銷售的望遠鏡還多。該公司每年仍持續引進全新貨種五十二次，並且在歐洲創下驚人的業績。

人性化接觸

《決定未來的10種人》是一本以人性臉譜來探討創新的書。書中所談的是大企業裡的個人和團隊如何進行創新。因為所有偉大的行動，最終還是要由人來執行。阿基米德說：「給我一個立足點，以及一具夠長的槓桿，我就能移動全世界。」接下來十章中所討論的十種創新角色，並不見得就是你所見過最有能力的人。他們不必是最有能力的人。因為每一種角色，都有自己的槓桿、自己的工具、自己的技能，和自己的觀點。如果有人把能量、智慧，和適當的槓桿結合起來，他們就能發揮驚人的力量。你要確認這些人就在你的團隊之中。你們一起合作就能做出一番轟轟烈烈的大事業。

在ＩＤＥＯ，我們認為創新者把焦點放在動詞上。他們主動。他們精力充沛。創新者主動去創造、實驗、發想，和建立新的概念。有時候，我們的技術似乎和別人不太一樣，成果也真的是非比尋常。

關於創新，所有好而實用的定義都會把構想和行動連結在一起，換言之，火花要結合火力。創新者並不只是把腦袋放在雲端幻想而已。他們的雙腳還要站在土地上。３Ｍ是第一家完全以追求創新來打造企業品牌基礎的公司，他們對於創新的定義是：「可以得到改善、收穫、或利潤結果的新構想——加上行動或落實。」光有一個好構想是不夠的。只有當你去行動、去落實之後，才能稱為真正的創新。構想、行動、落實、收穫，和利潤。

當然，這些都是好詞，但還缺了一項：人。這就是為什麼我比較喜歡創新工作網（Innovation Network）的定義：「人，經由實現新構想，而創造價值。」典型的3Ｍ定義也許會留給你一個印象，就如同汽車保險桿貼紙上所寫的標語，「創新自會發生」。但不幸的是，企業界並沒有所謂的自燃現象。創新絕對不會自己發生、自己永續長存。是人運用想像力、意志力，和毅力來讓創新發生。不論你是組員、組長，或是執行長，你真正的創新途徑就是人。事實上，你無法獨自從事創新的工作。

這是一本談人的書。更具體一點的說，本書所要討論的是人所能扮演的角色。我們並不去討論愛迪生這種聰明絕頂的創新，甚至也不去討論賈布斯（譯註：Steve Jobs，蘋果電腦創辦人）和伊梅特（Jeffrey Immelt，奇異公司總裁兼執行長）這類知名的執行長。我們所要討論的是在創業前線上，實際擔任執行工作的無名英雄，以及無數個夜以繼日不斷創新的個人和團隊。

本書的主要十章當中，強調十項IDEO所發展出來，以人為中心的工具，也許，你會稱這些工具為創新的人才、角色或人物。雖然我們不敢說本書所列出的角色非常齊全，但已足以激發你的熱忱，擴展你所能扮演的角色。我們發現，扮演這些角色之中的一項或多項，能夠幫團隊表達不同的觀點，並提出更廣泛的創新方案。

如果你能夠發展出這些創新角色其中的一部分，你就有機會制止魔鬼代言人，要他安分一點。因此，當某個人說：「讓我來當一下魔鬼代言人吧！」並開始以負面的言論，要澆熄脆弱的新構想時，會議裡，其他的人會勇敢地跳出來說：「讓我來當一下人類學家吧！因為我個人這幾個月來也觀察到我們的客戶正為這個問題感到困擾，卻只能默默承受，而這個新構想剛好能幫得上忙。」而且，如果這句話可以為其他人帶來激勵效果，也許還會有另一位跳出來說：「我們應該暫時當個實驗家來思考一下。我們可以在一星期之內把這個概念做成原型（prototype），以便瞭解這樣做是否有所改善。」或者，有人自願擔任跨欄運動員，保證幫大家找到種子基金來探索這個觀念。也許，魔鬼代言人永遠都不會消失，但如果一切順利的話，這十種角色可以讓魔鬼代言人安分一點，甚至於要他滾蛋！

還有一項重要警告。千萬不要把我對魔鬼代言人的態度，解釋成我在替「唯唯諾諾的文化」背書。IDEO一向主張建設性批評和自由辯論。事實上，當團隊成員對於專案的看法更為廣博時，強悍的創新角色更可以引導出許多關鍵的想法。但魔鬼代言人通常並不是在堅持真正的原則，而是運用巧妙的批評主義去摧毀新概念，並把他們本性裡，惡意的負面想法表現出來。而創新的角色，目的則在於鼓勵大家勇敢地把自己的想法表達出來。

那麼，這些角色是誰呢？其實，這些人有不少早就存在大企業裡了，只是，他們通常還沒充分發揮或是沒有被發掘出來罷了。他們代表著組織的潛力，是個能量儲存槽，等著我們去取用。我們都認識不少才氣縱橫的人，他們的貢獻比一般人大，也知道在團隊中，有的成員貢獻特殊，不宜用傳統的「工程師」、「行銷人員」，或「專案經理」來加以定位。

在後學科（postdisciplinary）世界裡，舊有的描述符號也許是一種拘束，但這些新角色，卻能夠把力量授予新一代的創新者，讓單一的個人，可以對社會生態以及團隊績效，作出自己特殊的貢獻。茲簡述這些角色如下：

也許，魔鬼代言人永遠都不會消失，但如果一切順利的話，這十種角色可以讓魔鬼代言人安分一點，甚至於要他滾蛋！

學習類角色

個人和組織都必須不斷地吸收新知，才能擴展知識，有所成長，所以，前三個角色就是「學習類角色」。這些角色認為，不論公司現在有多成功，都不應該自滿。世界正在加速改變，今天的偉大想法，明天也許就過時了。學習類角色協助你的團隊免於落入過度自以為是的陷阱，並提醒組織，不要對自己所「知道」的東西沾沾自喜。扮演學習類角色的人要虛懷若谷，質疑自己的世界觀，因此，他們每天都要對新見解保持開放心胸。

1「**人類學家**」（The Anthropologist）觀察人類行為，並深入瞭解人在身體上以及情感上，如何與產品、服務，和空間產生互動，進而帶給組織新的學習和新的見解。當IDEO的人因學人員出外勤到醫院裡和年老的開刀病患共處四十八小時的時候（詳第一章），她就是過著人類學家的生活，協助開發新醫療照護系統。

2「**實驗家**」（The Experimenter）不斷地把新構想製成原型，在嘗試錯誤的過程中得到啟示，並加以學習。實驗家以「實驗即執行」（experimentation as implementation）的規格，承擔計劃性風險以達成任務。當BMW跳過其所有傳統的廣告通路，而在bmwfilms.com網站上開發戲院品質的短片時，沒人知道這個實驗是否會成功。他們這項作法，另闢蹊徑卻很成功，這要歸因於實驗家，詳第二章。

3「**異花授粉者**」（The Cross-Pollinator）探索其他的產業和文化，然後把所見所聞應用到你的企業上。日本有一位女企業家，為了找尋品牌的新靈感而旅行五千英里，終於在海洋對岸找到答案，開啟她龐大的零售事業王國，這就是異花授粉者所能展現的力量。我們會在第三章討論她的故事。

組織類角色

接下來的三個角色是「組織類角色」，扮演這種角色的人，非常瞭解構想在組織裡那種違反直覺的推動過程。以前，我們在IDEO裡一直相信，構想應該為其本身發言。如今，我們終於明白了跨欄運動員（The Hurdler）、共同合作人（The Collaborator），和導演（The Director）早就知道的事：即使是最好的構想，也必須一直去爭取時間、注意，和資源。扮演這些組織類角色的人不會把預算和資源配置的程序視為「政治」或「繁文縟節」而輕易放棄。他們把這些視為複雜的棋局，並且要下贏這盤棋。

4「**跨欄運動員**」知道創新的道路上佈滿了障礙，因而發展出一套克服障礙的本領。數十年前，3M一位工作人員發明了透明膠帶（Scotch tape），起初他的構想遭到否決，但他卻不願放棄。他利用他的核決權限一百美元，連續簽發許多九十九美元的訂單來購買重要的機器設備以生產第一批貨。他這樣堅持，終於得到了成果，3M因為這位精力充沛的跨欄運動員願意克服萬難活用公司規定，累積獲利達數十億美元之譜。

5「**共同合作人**」把各式各樣的團體匯集起來，而且經常在群體中帶領大家，創造出新組合和跨領域的解決方案。例如一位客服經理把半信半疑的總部採購人員找來，一起腦力激盪，尋求新的合作方式，結果，新方案讓公司的營業額倍增，他就是成功地扮演一位共同合作人的角色。

6「**導演**」不只是把一群才氣縱橫的卡司和工作人員集結起來，還進一步激發他們的才氣和創造力。美泰兒（Mattel）有一位頗具創意的高階主管，籌組了一個非常特殊的小組，並給他們「鴨嘴獸」這個封號，他們所推出的程序非常神奇，在三個月內打造出一億美元規模的玩具平台，不管怎麼說，她都是導演這個角色的最佳模範。第六章講的就是她的故事。

建造類角色

剩下的四種角色就是「建造類角色」，他們應用學習類角色所開發出來的觀點，加上從組織類角色所取得的權力管道，實現創新。當有人扮演建造型角色時，他們會在你的組織裡立下豐功偉業。扮演這種角色的人，知名度非常高，因此你很容易就可以找到他們，他們就在行動的核心之中。

7「**體驗建築師**」（The Experience Architect）所設計出來的消費體驗令人折服，超越了產品表面上的功能，在更深的層次當中和客戶的需求，包括隱藏和外顯的需求，連結在一起。有一家冰淇淋專賣店把冷凍點心的準備工作轉化為有趣的娛樂，創造出非常驚人的績效，這就是一套成功設計的新體驗。扮演好體驗建築師這個角色，可以提升產品售價，強化市場口碑。

8「**舞台設計師**」（The Set Designer）能夠把實體環境轉化成影響成員行為和態度的有力工具，他們所打造出來的舞台，可以讓創新小組的成員盡心盡力地工作。皮克斯（Pixar）和工業光魔（Industrial Light & Magic）等公司瞭解，合適的辦公環境有助於培育和維護創新文化。有一個商業小組在重新規劃空間之後，生產力增加了一倍；還有一個球隊發現全新的體育場，可以重振獲勝能力，這都是舞台設計師所展現的價值。在舞台設計師可以發揮功能的組織裡，有時候會發現他們的改善績效相當可觀，而所有的空間變動成本，也都值回票價了。

9看護人（The Caregiver）就好比醫院裡專業的看護人員那樣，他們不只是服務客戶而已，他們還照顧客戶。好的看護人會預先設想客戶的需求，並準備妥當以照顧他們。當你看到企業所提供的服務完全符合你的需求時，通常，這家公司裡就有一位看護人。曼哈頓一家酒窖，在客戶還沒開口要求之前，就曉得要去教他們如何享受品酒的樂趣，這就是發揮了看護人的角色——同時，他們也賺到了不錯的利潤。

10說故事的人（The Storyteller）透過生動的故事，和大家溝通基本的人性價值或強化某種文化特性，以建立內部人員的士氣並增進外界對公司的認識。像戴爾（Dell）和星巴克這樣的公司，有許多的傳奇故事來支撐他們的品牌，並在自己的團隊裡建立袍澤之情。美敦力電子（Medtronic）以產品創新和持續高成長聞名，他們發自內心，把產品如何改善病患生活（甚至於如何拯救病患生命）之親身體驗故事說出來，以強化其企業文化。

這些角色的吸引力在於他們有效。並不是在理論上有效或是在教室裡有效，而是在無情的市場中有效。IDEO已經在真實世界這個大實驗室裡，嚴格地測試了數千次，檢視其在創新上的成效。我們幾乎每年都要執行數百個創新案。過去，我們的客戶主要來自新設公司或是科技公司，而今天，我們的主要客戶有一部分來自財星一百大企業的佼佼者。他們找我們幫忙並不只是為了單一的創新案，而是一系列的創新案。他們希望運用我們優秀團隊的見解和精力而來找我們，因為，我們擅長扮演異花授粉者、人類學家、和實驗家的角色。

改造創新文化

《決定未來的10種人》這本書在設計上，是為了幫助你，在企業的工作上，加入創新中的人性元素。我還試著給創新加上性格，以便為創新指定臉譜。這件事，我得感謝許多人的協助，不只是我那位創辦IDEO的哥哥，大衛而已，還有公司裡數以百計才華洋溢的設計師、工程師，和人因學人員，他們過去這二十七年當中，已經把路給開出來了。我希望本書在培育創新之基本方法及角色上，能有所啟發，以作為對他們的回報。

《決定未來的10種人》所討論的，是人員、以及小組，如何把企業的持續創新改革精神，化為實際方法和技巧。成功的企業，會把活生生的創新策略建立在作業層次的基礎上。他們經年累月都這麼做，而且在各種不同的部門中施行。這樣的團隊，一旦創新的引擎以全速運轉，則其所發揮出來的動量和綜效相當可觀，不論景氣好壞，都足以讓企業保持領先地位。

全球市場的競爭日益激烈，而本書所要掌握的創新機會有：公司內部機會、產業內機會、地區性機會，甚至於全國性的機會。我們所談的是如何在你的團隊中開發各種角色，以發揮其最大影響力。在正確的時點上推出正確的創新案以激發公司，可以讓全員動起來，讓整個工作場所充滿了光輝——即點燃創新文化之火，展開其生命歷程。

這套方法好不好？正如大家所說的，你要試了才知道。在接下來的章節當中，你會發現非常豐富的例證，顯示出創新文化的改造力量。你會看到許多公司，他們的創新已經不再只是創造令人讚嘆的新產品和新服務而已。這些公司，他們的創造程序（他們工作、發想，和合作的方式），已經發展成一種非常了不起的能量，讓企業不斷進步。

當你逐漸瞭解書中所提之十種角色時，請記住，這並不是遺傳上的性格特徵或是「類型」，不會和團隊裡的個人永遠地連結在一起；而且，一種角色，也不必然只由一個人來擔任。角色並不是你預先定義的「企業ＤＮＡ」。這些創新角色，你幾乎都可以從你團隊的成員中找到，而且，大家還可以更換角色，以反應其多元能力。

隨環境之不同而靈活變換角色，聽起來也許有些複雜，但你可能已經精於此道。例如，我在一天當中所要扮演的角色至少就有五、六種以上，包括：丈夫、父親、弟弟、IDEO員工、作者、演講人、良師益友，和改造小組的組員。當我完全專注於扮演公司裡的角色時，我兒子打了一通緊急電話給我，此時，我的角色立即轉換成父親。為此，我的態度、音調、耐性，甚至於我的思考模式都改變了。如果我在必須扮演其他角色時，不知變換，堅持原來的角色，這不但不妥，效果也會很差。更糟的是，這會破壞我的人際關係，甚至於破壞我的事業。因而，我必須扮演正確的角色才對。

這個道理，也同樣適用於創新上的角色。有太多的人，當他們應該扮演人類學家這種學習類角色時、當他們應該擔任共同合作人這種組織類角色時，或是當他們應該成為體驗建築師這種建造類角色時，卻去當個魔鬼代言人。這些創新上的角色，讓你有機會擴展創造領域，彈性地選擇正確的角色以因應正確的挑戰。這些創新角色，提供了新的字彙以刺激討論，使更為生動，並引導團隊成員以自己獨特的方式來為企業做出貢獻，讓企業成功。

而且，就如同方法演技演員（Method actor）把自己完全融入到一個新角色裡一樣，你也許會發現，以新的角色來體驗世界，可以改變你的態度、見解，甚至於行為。如果這樣做，開啟了你新的思維模式，那麼，這個新角色也許就可以幫

這些角色告訴我們，要「沉浸於創新」，而不只是「從事創新工作」。

你達成個人成長和專業成長的目標。這個想法，把十項創新的基本元素視為角色而非工具，等於是提醒我們，對所有現代組織而言，創新需要全心全意投入，而不只是個定期檢驗的工作。這些角色告訴我們，要「沉浸於創新」（being innovation），而不只是「從事創新工作」（doing innovation）。如果你想在日常生活中成為一位創新者，那麼，扮演這些角色中的一項或多項，就可以在意識上有所進展。

當你開始建立你的團隊時，請記住，運用這些角色並沒有一定的公式。一個人可以扮演多種角色。你不必去做一對一的人員角色對照表，當然，你也不需要十個人才能組成一個團隊。不可能每個團隊都有所有的角色。反過來說，這不是好萊塢，沒人想在角色上被定形。當你一個案子接著一個案子做時，你會發現，你扮演了二到三個角色。

毫無疑問，某些角色可能比其他角色更適合你。可能你是個天生的異花授粉者，或是靈活的實驗家。也可能你會發現，你是個不錯的人類學家，超乎自己的想像。這並不是要比誰在創新角色上扮演得最好。這裡所講究的是團結合作，為組織開拓整體的潛能。你在二到三種角色上的技能稍作提升，也許就能帶來重大變化。《決定未來的10種人》邀請你，把你的調色盤擴大。也許你一向只喜歡藍色和綠色，但如果你看過本書，試著用紫色畫上幾筆，結果或許就會讓你感到不可思議。因此，拿起你的畫筆，放手去畫吧。

畫布已經準備好了。

1 人類學家

構成探索之旅的真正要素並不在於發現新景物，而是以新眼光來看景物。

——普魯斯特（Marcel Proust，1871-1922，法國文豪）

如果只有一種角色讓我選，那麼我會選人類學家。我對於扮演這個角色，有著強烈的熱忱，因為在我加入IDEO前身的小公司時，那時候，並沒有人類學家這個角色。而實驗家呢？那時候已經有了。當時甚至還有一些異花授粉者。但從來就沒人扮演過人類學家，而這個角色，後來竟成為我們的工作基礎。一九九一年，當IDEO開始想要用人類學家這個角色時，我真希望，我當時就有先見之明，立刻發現這個角色即將成為公司未來的希望。然而，事實卻恰恰相反。我記得，當時我對哥哥大衛這麼說：「這真是個肥缺啊。這幾個聰明的博士，唯一的工作就是觀察人。他們把觀察到的東西成拍兩張照片，有時候也許還加上一兩段錄影帶，然後就拿這些東西來跟我們交差。我實在很難認同這個工作。」同時，我們的工程師卻埋首於電腦輔助設計（CAD）的機器之中，設計出摔到地上不會壞的電子產品。對我而言，這才是實在的工作。

但在那幾年當中，我對於公司裡人類學家這個角色，在態度上有了一百八十度的轉變。人類學家這角色絕不是毫無價值的空泛程序，而是IDEO最大的創新源頭。我們跟客戶的公司一樣，解決問題的高手多如過江之鯽。但你必須先知道問題是什麼，才能談解決。而扮演人類學家的人，他們是絕佳能手，以全新方式重新架構問題（因為他們從實地觀察中去發現問題），如此，正確的解決方案才有意義，才能有所突破。

> 人類學家在「Vuja De」（未曾相識）中尋求頓悟。

那麼，是什麼因素造成人類學家這個角色有如此重要的價值呢?在IDEO，扮演這種角色的人一般都有堅實的社會科學背景，他們進來之前都有認知心理學、語言學、或人類學等學科的高學歷。但是當你和他們共事之後，你會發現，他們從閱歷上所累積的直覺，更甚於學術上的專業知識，有點像哈佛商學院桃樂絲・李歐納（Dorothy Leonard）教授所謂的「深度智慧」（Deep Smarts）。雖然IDEO裡，從來就沒有任何一位人類學家，把他們角色的統一理論告訴我，但我還是注意到他們有六項明顯的特色。有些是策略性的，有些則是戰術性的：

1人類學家修習禪理中的「初心」（beginner's mind）。

扮演人類學家的人，雖然他們有深厚的教育背景和豐富的田野經驗，他們似乎特別願意放下他們的「知識」，忽略傳統，甚至於忽略他們自己的見解。他們有智慧，懂得以真正開放的心胸來觀察。

2人類學家熱愛所有人類行為中的新鮮事。

他們觀察而不妄下斷語。他們以同理心去體會。他們一輩子都是人類行為學的學生，真心地喜歡觀察人、找人訪談，這點，沒有心的話是裝不出來的。任何人都可以學到文化人類學的技能，但沉浸在這個角色的人往往會發覺，扮演人類學家本身就很有意思，非常值得，這也是他們熱愛這個工作的另一項證明。

3人類學家會參考他們自己的直覺。

知名大學的商學院、以及企業界的在職訓練，其課程都著重在練習我們左腦的分析技巧。他們所要加強的是我們在邏輯推理上的能力，也就是柯雷克斯頓（Guy Claxton）在他那本趣味十足的書，《兔腦龜心》（*Hare Brain, Tortoise Mind*）中所說的「d－腦」（d-brain），或是丹尼爾・品克（Daniel Pink）在《未來在等待的人才》（*A Whole New Mind*，大塊文化出版）一書中所謂的「左腦導向思維」（L-Directed Thinking）。當人類學家必須為所觀察到的人類行為找到情感上的假設基礎時，他們並不怕去引用自己的直覺。

4人類學家在「Vuja De」（未曾相識）中尋求頓悟。

大家都知道「déjà vu」（似曾相識）的感覺，那是一種即使你從未見過或體驗過，卻有著親身經歷過的強烈感受。而「Vuja de」（未曾相識）則恰恰相反——這是一種首次看到某種事物的感覺，即使，你事實上已經見過了許多次。這句話雖然源自喜劇演員喬治・卡林（George Carlin），但我第一次聽到則是從我的朋友巴布・塞頓那裡，他是一位史丹佛教授。人類學家運用「未曾相識」原理，可以「見到」大家視而不見之事物——大家缺乏耐心，不願花時間仔細去看、去瞭解的東西。

5人類學家會隨身帶著「錯誤表」或是「構想庫」。

人類學家的工作方式有點像小說家或脫口秀喜劇演員。他們認為生活周遭的事物就是很好的題材，因而把他們覺得奇特的點點滴滴記錄下來，尤其是那些看起來有問題的東西。錯誤表著重在負面的事物（讓你感到困擾的東西），而構想庫則包含了值得學習的創意以及尚待解決的問題。不論你是用先進的ＰＤＡ、或是用簡易的卡紙來記錄構想庫，都可以讓你的觀察力更為敏銳，增進你從事人類學家的技巧。

6人類學家願意在垃圾桶裡尋找線索。

人類學家會到大家最想不到的地方找答案——不論是在客戶到達之前、離開以後、或是在垃圾堆裡頭，只要是值得學習的地方，他們都義不容辭。他們的眼光超越顯而易見之處，到不尋常的地方尋找靈感。

「進行田野工作的方法，」米德說：「就是在還沒完全結束之前，絕不浮上來喘口氣。」

多年來，IDEO已經針對人類學家發展出好幾十種工具。我們用一套稱為「方法平台」的行動導向卡，記錄了其中的五十一種工具。這些方法相互關聯，分為「詢問」、「觀看」、「學習」，和「嘗試」等四大類型。但我們那些熱心派的人類學家往往從觀察開始。我們在專案開始時、進行當中、以及困頓不前亟需引進活力時，都會進行密集的田野工作。整個過程和好奇的科學家或民族誌學者所採用的方法極為相似。我們到人類的自然棲息地觀察人類行為。我們追蹤客戶或潛在客戶在產品上或服務上的互動過程。

當我們到田野工作尋求啟示時，我們要試著用全新的眼光來觀察。當然，所謂採用禪學上的「初心」，說起來容易，做起來卻很難。但是這樣做，可以採集到全新的觀察結果，讓整個案子完全改觀。瑪格麗特·米德（Margaret Mead）是知名的典型人類學者，她研究南太平洋文化，出版了一系列的書籍，挑戰吾人對於兒童想像力以及所謂原始社會限制之刻板印象。米德主張你必須親自體會、親自觀察。「進行田野工作的方法，」她說：「就是在還沒完全結束之前，絕不浮上來喘口氣。」這套技術是由偉大的思想經過歲月歷練而成的。例如，達爾文就是一位天生的觀察好手。他首先在《人與動物的情感表達》（*The Expression of Emotion in Man and Animals*）一書中，研究自己子女的臉部，並附上嬰兒為了表達不舒服的感覺而哭泣的照片。達爾文最著名的事蹟是參加小獵犬號（HMS Beagle），擔任該船的自然學者，做了二年非常了不起的觀察工作，啟發他完成那本經典之作：《物種源始》（*On the Origin of Species*）。

觀察人員會去找大家所忽略的人作訪談，也會到遙遠的世界去探訪。他們服膺山特捷爾吉（譯註：Albert von Szent-Györgyi，一九三七年諾貝爾醫學獎得主）所說的，發現包括「見人之所曾見，想人之所不能想」二者。人類學家把科學方法人性化，並且應用到商業領域。但是，「以全新的眼光來觀察」可能是整個創新過程中，最困難的一部分。你必須把你過去的經驗和想法放到一邊去。你必須放棄那種懷疑主義的態度，進而採取兒童那種好奇而思想開放的態度。如果缺少這種好奇和探索的感覺，你可能連近在眼前的大好機會都看不到。

歷史告訴我們，例行工作經常會讓我們對眼前的真理視若無睹。在珍古德（Jane Goodall）還沒融合其特有的耐心和勇氣去研究黑猩猩之前，似乎沒人注意到這些聰明的靈長類和我們一樣，有能力製作工具、親吻、搔癢、握手，甚至於，是的，去拍拍同伴的肩膀。真理早就存在，只待我們去發現。

我們不可能全部都成為珍古德（同樣地，也不能成為米德），更何況，在企業界，我們也無須如

人類學家能夠從各式各樣的工具和技術中得到新觀點。

此。但是以好奇的精神從事田野觀察，在尋找新契機或是解決既有問題上，可以發揮功效，改變一切。那麼，怎樣才是一位有天分的人類學家呢？派翠絲・馬丁（Patrice Martin）是IDEO一位聰明而年輕的員工，擁有密西根大學工業設計學位，她發現她真正的工作頭銜是人因學專員。派翠絲有神奇的方法讓受訪者願意對自己的事侃侃而談。她現年二十七歲，但她看起來比實際年齡更年輕，她充滿熱忱，熱力四射，好像有傳染力一般。如果她不來IDEO，也許會成為一位知名的報社記者，因為她可以很快就抓到問題的本質。

為什麼她是一名如此優秀的觀察員？因為她真心地喜歡和人聚會、交談。她會用一些試探性的問題來鼓勵受訪者多談談自己。她所投射出來的形象不具威脅性，讓受訪者覺得很安全，可以放心地說出來。她似乎有一種本能，可以挖掘故事，以找出人類行為的啟示。例如，最近派翠絲參與一個健康點心食品的案子。客戶安排好一系列和醫師及病患的面談——這個方法很合理。但派翠絲採取了比較缺乏結構性的行動。她獲准到幾家藥妝店逛，並找客戶交談。派翠絲主動上前搭訕，提供對方折價券以鼓勵他們聊一些對健康點心的看法。她在藥妝店裡所訪問到的人，剛好佈滿整個飲食座標圖：一位希望增加體力的中年男性，而他太太正在做南海灘飲食減肥法（South Beach Diet）。一位年長的女士希望結合二種健康飲料以符合她所有的飲食需求。一名大學生走到天然食品區，被複雜的營養標示搞得一頭霧水。一位最近診斷出得了糖尿病的女士不知道該吃哪些食物才好。

派翠絲有了藥妝店的田野調查發現之後，接著她找了十二個人，到他們家中進一步瞭解食品準備以及用餐習慣。花點時間，到受訪者的家裡去訪問，不僅可以讓他們感到更自在，還可以讓人類學家有機會觀察到深入一點的東西。例如，在派翠絲的田野觀察中，有一位女士看起來好像很會做菜，我們暫且稱她為貝蒂。當派翠絲到達時，她聞到烤箱裡傳來誘人的烤雞香味。桌上早已準備好看起來很健康的生菜沙拉和燙青菜。派翠絲和往常一樣，隨身帶著攝影機以便記錄所發現的事物，於是，她把屋裡頭所見到的景物拍攝下來。如果派翠絲在那裡所待的時間很短，那麼她會認為這個家庭的飲食習慣非常出色——但這是錯誤的印象。幾分鐘之後，這位女士的小孩回家了，並且在攝影機前面露驚訝地說：「媽，你竟然煮飯了!?」

派翠絲在說這個故事時也笑了。「那位太太的偽裝完全破功了。後來，我們在資源回收桶裡找到披薩盒子和冷凍點心的空罐子。」派翠絲並不想去打擊這位家庭主婦的做菜功夫，她只是想要瞭解她家實際的飲食習慣而已。她發現，花一些時間到受訪者家中好好地瞭解，比較容易抓到故事的真相。

有一次，派翠絲要一位忙碌、以子女為重的中產階級媽媽，把她一整天所吃過的所有食物寫出來。這位女士寫了三頓正餐和一些健康點心。派翠絲不放心，再問她一次：「你還有沒有吃其他的東西？」她終於不再隱瞞，坦承還吃了一、兩塊巧克力。優秀的人類學家會把觀察到的景象，更完整地描繪出來。我們並不要求十全十美，我們只要求要確實。

派翠絲在文化人類學上的經驗讓我們學到一件事：「生活並非一成不變」。她從來不問「你的典型食物是什麼？」這類一般性問題。人性會在一般化的過程中被理想化，因而導致觀察的目的一開始就失敗。因此，在這個案子中，她會這樣問受訪者，今天早上吃了些什麼？昨天早上呢？派翠絲說道：「很奇妙的是，大家經常會說：『喔，今天有點不一樣。』」今天總是有點不一樣。生活，比行銷手冊上所說的還要紊亂。

派翠絲所探求的是受訪者的歷程。她會給受訪者一些「情緒貼紙」，上面印了許多連結感覺的詞彙，例如：罪惡、健康、滿足、均衡，和過飽等，貼在受訪者每天的食

很奇妙的是，大家經常會說：「喔，今天有點不一樣。」今天總是有點不一樣。生活，比行銷手冊上所說的還要紊亂。

品圖上。這些詞是用來幫他們表達對當天食物的實際感受。在他們描寫所吃食物的地方，上面還有另外一行讓他們填他們所希望吃的食物。她還要求他們把一天的精力狀況畫在圖上。這個程序所記錄的食物歷程質感非常豐富，包括受訪者每天對於所吃食物的感覺，以及他們對於食物的期望。

那麼，如何才能烤出新鮮的渴望麵包呢？熱情的人類學家就是酵母粉，這些人技巧嫻熟而專注，會主動去尋找真實的感受，並加以觀察。派翠絲覺得，光是邀集人員加以訪問並不能真正瞭解飲食模式。她到消費者購物的地方去追查，並帶著相機和一顆充滿好奇的赤子之心到受訪者的家裡。派翠絲要求甚高，她所做出來的食品圖，不只是冰冷的圖表和統計數字而已。這些食品圖還包括受訪者的情感描述以及一份受訪者希望吃到的食物表列。她的圖表，多加了深層人性這度空間，讓我們瞭解，食品在人們生活中所扮演的角色。

當你做田野觀察時，切記：你所收集的情感範圍越寬越好。實驗圖表達出越多的人性需求和慾望，你就越有可能運用這些資料，找到大好良機。

人性的極限

人類學家有一套好方法來避免落入固定的例行公事。他們收集觀察成果和挖掘新見解的方法很活。你也許聽過「人因」（human factors）這個詞，這是社會科學上的專有名詞，指透過觀察人類以取得優勢。但這個詞可能會讓人產生誤解，因為這個詞看起來有點被動，也有點學院派。人因學的熱心人士非常主動積極。他們會去尋求情境中的切入點——尋求大家所忽略或誤解的關鍵機會。

如果你希望觀察能夠生動而深入，則你在選擇觀察地點和方法上，就必須有所創新。例如，你想要觀察病患在繁忙醫院裡的感受，以瞭解改善方式。去問醫生和護士嗎？找許多的病患訪談嗎？進行一次精心設計的問卷調查嗎？這些方法聽起來都很合理，但ＩＤＥＯ的蘿西．蓋維奇（Roshi Gvechi）卻選擇了一種更為激進的方法。她稱之為極限ＨＦ——「極限人因法」（extreme human factors）。但這方法並不像ＥＳＰＮ裡的極限運動那麼狂野，也不會讓你感到驚心動魄。蘿西過去學的是電影和新媒體，她打算直接把攝影機帶進病房裡。蘿西徵得醫院和病患的同意之後，在一位接受髖關節置換手術的女病患病房裡架設一套攝影機。蘿西把攝影機架在病房一角，連續四十八小時每分鐘拍攝數秒。她自己也在病房裡待了四十八小時，偶爾在病床旁的躺椅上打個小盹，以便親身體驗整個過程。她完全遵照米德的教誨，「在還沒完全結束之前，絕不浮上來喘口氣。」

那麼，她在這四十八小時當中，拍到了什麼呢？

在這段定時間隔攝影中，我們發現，病房不斷地受到侵擾：燈光和門不斷地開開關關、走廊傳來喧鬧聲，以及護士巡房等現象。除此之外，這支錄影帶還發現，不論是白天或晚上，進入病房的人數之高，令人咋舌。蘿西這段影片有點像是「隱藏攝影機」（Candid Camera）這個老節目或是MTV節目「真實世界」（Real World）。從影像中我們可以發現，醫護人員為了討好病患，想盡辦法來變通醫院的規定（諸如可以進入病房探訪的家屬人數、或是探訪時間等）。這段影片還發現，在白天的某些時段裡，病患根本就沒辦法休息，更不可能睡覺。蘿西把這段四十八小時的間隔攝影剪輯成五分鐘長的影片以便於觀賞和瞭解——成為一套瞭解病房問題和改善契機的有力工具。

我看了蘿西的錄影帶並和她談過之後，深深覺得，我們在這項新技術上還有很大的發展空間。這幾年來，數位攝影技術突飛猛進，使得沒有技術背景的人，如今也能具備以往的尖端技能。雖然蘿西在媒體方面的資歷有助於她建構、捕捉、和編輯這段間隔攝影錄影帶，但你的團隊不用史帝芬史匹柏也能拍出有意義的短片。

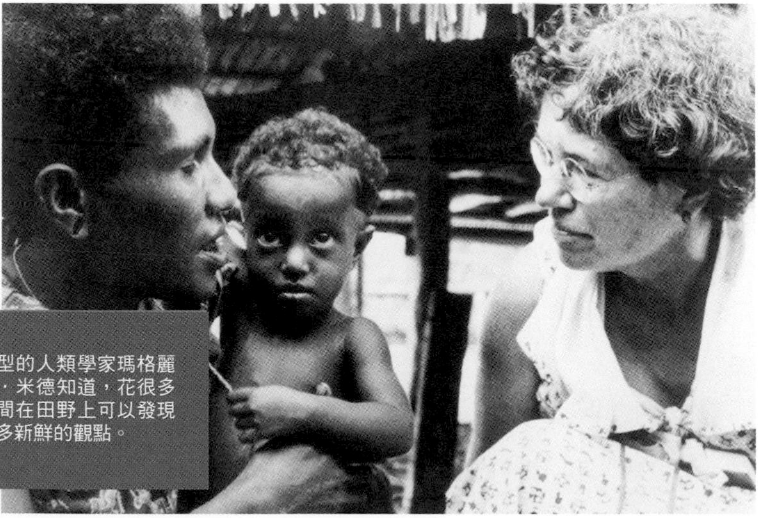

典型的人類學家瑪格麗特·米德知道，花很多時間在田野上可以發現許多新鮮的觀點。

我建議你找個有電影背景的人，或是自己就拿起攝影機來拍。如果你架起攝影機，去拍零售門市、公司大廳、工廠現場、或是你的辦公室，你可知道會有什發現嗎？我不是要你去監視員工，而是對客戶和事業的潮起潮落，做更深入的瞭解。下一次你要進行新調查時，不妨直接把鏡頭焦點放在真實的客戶身上而不用焦點團體（focus group），看看他們如何和你的產品、服務，及場所產生互動。身體語言所透露出的訊息非常多。想像一下，如果你能夠捕捉你的組織，在一天當中的運作節奏，以及客戶服務尖峰和離峰的影像，你會有什麼發現。想像一下，如果你能對客戶一舉一動的背後原因，運用極限人因法，得到一個全新觀點。

小觀察立大功

對你的客戶做最細微的探討可以發現龐大的機會。最近，我在芝加哥對食品行銷協會作演講，結束之時，有四名波蘭彪形大漢圍住我，顯然，他們想跟我講幾句話。起初我有些害怕，直到其中一位露出笑容我才放下心來。結果，他們幾位都在華沙一家軟性飲料公司工作。他們找我，是想要告訴我他們在創新上的成功經驗。幾年前，他們看了ABC夜線（Nightline）節目的「深潛」（The Deep Dive）專輯，介紹IDEO透過田野觀察以瞭解客戶的技術。他們看了這個節目之後，認為「也許我們自己也可以做」，因而決定試試看。他們從當地的火車站開始，觀察那些為了等火車而不得不在車站消費的客戶，看看有什麼方法可以賣出更多的飲料。

他們對人群作觀察之後，發現一個重複的模式：在火車到達之前的幾分鐘裡，旅客會站在月台邊偷偷地看著飲料販賣亭，再看一下手錶，然後再往月台盡頭望去，看看火車是不是來了。漫不經心的觀察人員也許就會把這個線索給忽略掉了。但這幾位人類學家新秀發現，這些旅客正在天人交戰，他們想要喝點東西，卻怕為了買飲料而錯過火車。

他們怎麼做呢？他們所開發出來的軟性飲料陳列架原型，特別把時鐘大剌剌地凸顯出來，好讓旅客可以同時看著時鐘和架上的飲料。結果如何呢？華沙火車站飲料的業績大幅成長。時鐘可以讓客戶安心，讓他們知道有足夠的時間來買冷飲。這麼簡單就成功了，而這幾位波蘭人也因而相信我們的方法。整起事件都因他們看了三十分鐘的電視節目。

長久以來，我們一直提倡田野觀察和快速開發原型。有時候，突破來自於很小的新觀點。簡單而生動的觀察（例如火車乘客一邊看手錶，一邊看販賣亭），可以讓整個結果改觀。耐心觀察，並把你的構想很快地製成原型去試驗創新。結果可能會讓你大吃一驚。

實習生和祖孫鬆餅

IDEO每年所驗收的暑期實習生工作成果，已經成為公司不斷銳意革新的一大來源。有人認為我們是基於組織上的利他主義，才會去請那麼多的實習生，遠超過我們所需。但這種事內部人比較清楚。聘用實習生，不只是讓我們的人事招募決策更往前邁進一步，而且，這些實習生更帶來持續的創意和衝撞，讓我們常保年輕。

例如今年新進的一名實習生，米雪兒・李（Michelle Lee）最近花了好幾個月的時間來觀察祖孫二代一起烹飪做菜的過程，作為她在史丹佛大學產品設計課的碩士專案研究。也許你聽過「隔代信託」這個詞，但這裡所談的是廚房裡的「隔代」現象。在米雪兒自己所設計的文化人類學專案當中，她發現，從某方面來看，最老的一代和最年輕的一代有許多的共同點，遠甚於在嬰兒潮時期所出生的中間那一代。他們活在當下，不擔心下一步該怎麼走。他們不慌不忙，以所有的感官去品味一切：去感受一下食材的質感、去聞一聞每一種東西的味道、而且還會盡儘量品嘗甜美的部分。不管是老的還是少的，他們碰到像大碗公和整袋的麵粉這類笨重的東西時，都要掙扎一番，而且，當另一方在廚房裡拿著鋒利的菜刀時，都會特別小心。

有時候，祖父母做不來的事，小朋友也會代為處理，反之亦然。祖父母的知識豐富，而小朋友則眼力較好。祖母知道她所要找的東西，但這東西只有她的小孫女才看得清楚。有一個烹飪調查案，由米雪兒扮演人類學家進行觀察，對象是一位祖母帶著四歲的孫子和八歲的孫女做餅乾。看食譜的時候，上面的字祖母看不清楚，而四歲的小孫子卻看不懂，這時，八歲的孫女就會過來幫忙。

在研究當中，米雪兒把焦點放在鬆餅的製作過程上，這個過程，簡單而有成就感，所有的小朋友（以及他們的祖父母）都很喜歡。結果，她開發出一系列「趣味做鬆餅」的產品概念。例如，小朋友似乎都很喜歡打蛋，但卻沒辦法依照正確的步驟好好做。如果有一種有趣而又防呆的打蛋器，保證不會把蛋殼掉到麵糊裡，也許這隊祖孫三人組就會毫不猶豫地買下來。而這個概

觀看祖母和小孫女為隔代烹飪產品想出新點子。

念，也許只是整個祖孫系列產品（和服務）的一小部分而已。潛在的市場似乎很大，因為祖父母為了和小孫子（女）共度寶貴時光，似乎願意、也有能力在這方面花點錢。因此，在你的領域裡張大眼睛仔細去觀察吧，小小的觀點就能帶引你發現新市場。同時，千萬不要低估實習生的力量。

凱特的小朋友七訣

我們認為觀察小朋友，和他們交談很重要。他們的見解之鮮活，其他地方絕對看不到。他們看到大人所忽略的事物。而且你也不可能捏造出他們的觀點。因為，你再也不是小孩子了。你童年時的感覺（以及你對世界的看法），已經被層層的記憶濾除，再被成年時期的眼鏡所定形。「我相信小朋友有某種『第六感』，在大人身上是找不到的。」凱特．伯希（Kate Burch）說道，她是一位設計師，任職於ＩＤＥＯ裡的「○到廿」（Zero20）小組（這小組的名稱來自於他們所鎖定客戶的年齡層）。凱特提醒我們，每個世代的世界都是獨一無二的。「甚至連我八歲時的世界，也和現在完全不同。現在的小朋友，他們所面對的是全新的機會——以及全新的壓力。

來自修改的機會

如果你仔細觀察你所處的世界，你會發現，時下有不少聰明人正扮演著修改高手的角色。我們都見過影印機上貼著「利貼」貼紙，上面註明了好用的小指令，或是在接待櫃檯前貼著一張手畫的引導標示。也許你也遇過善於運用資源的業務員或客服人員，當規定不合理時，他們懂得變通。當東西和廣告上所說的不一樣時，人們就會變得靈巧而有彈性。他們會修改技術和系統以適應需求。我們在IDEO做田野觀察時，會去尋找這類的人性化接觸，因為這些人所做的草根性工作，把硬邦邦的世界柔化了，帶給大家很大的幫助。這些修改，是產品或服務不完整的跡象，但也是未來創新的機會。

有些機會非常明顯。如果你想瞭解你周遭有多少這種機會，可以找一天做下面的練習。在你的工作場所、家裡，或是到市中心去，把每一個你所看到的修改記下來。觀察那些用膠帶貼住或螺絲鎖住的東西。找一下說明標示，上面會寫著哪些東西壞了，或是說明機器應該如何操作。你會為發現這種情形多如牛毛而大感吃驚。例如，坐進市區的計程車裡，你也許會發現計程車司機把車子的內裝做了幾個小修改，因為他們就是夜以繼日，整天坐在方向盤前面的人。而這個尋求「修改」或調整的練習絕非了無生趣之事。如果你能對這些事物投以嚴正關切，那麼，你已經跨出了重要一步，懂得如何感受時下商品的粗糙一面。你會更加瞭解，何以有些商品或服務真的會透露出不少祕密。而你也會學到如何去確認一項商品（甚至於整個商品品類）正在大聲疾呼，亟待改進。

凱特有一套自然而輕鬆的方法來和小朋友交流。她讓這種事看起來輕鬆容易。她的祕訣是什麼呢？「都只是普通的常識而已。」她說道。但根據我的經驗，她的天分可一點都不普通。她略加思考之後，把她的技巧一項接著一項地展現出來，最後整個概念就儼然成形了：

1問一些關於他們鞋子的事

幾乎每個小朋友都對他們的鞋子有意見。我們和小朋友在高度上的差異是個溝通障礙，而優秀的人類學家透過觀察所要瞭解的東西是越多越好。蹲下來，用他們的高度和他們說話。

2說一些你自己的事

告訴他們一些你今天所遇到的事，或是你的興趣，尤其是關於你的弱點；這會讓你顯得更有人性，對進一步溝通很有幫助。

3請他們把最要好的朋友也找過來一起談

有好朋友在場時，即使是害羞的小朋友也會侃侃而談，而且他們還會互相激發，像說故事一樣。有時候這些好朋友會帶領大家把話題帶到引人入勝的對話當中而完全把你忽略掉了，當你在做文化人類學觀察時，這可能是絕佳機會。

4提醒他們這個案子是「最高機密」（只有在事實也是如此時才這樣說）

即使小朋友很難對他們的母親或好朋友保守祕密，給他們一點點機密感受會為談話帶來戲劇性的效果，並且讓他們更確信你認為他們的想法很重要。我們也相信他們很重要。

5要求參觀他們的房子

到小朋友的家中做訪談以清楚瞭解他們的玩具和喜愛的東西。一旦他們知道父母同意在家中作訪談，大多數的小朋友非常喜歡帶你到處看。他們花不到五分鐘的時間帶你大略看一下整間屋子，就急著帶你到他們的房間，仔細地介紹他們的東西。參觀房子馬上成為進入兒童世界的窗口。

6問小朋友，如果他們有十美元，或是一百美元，他們想買什麼東西

這個問題雖然間接，卻可以很有效地瞭解哪些東西比較熱門，哪些則否。如果你問十來歲小孩對最新商品的看法，你可能只會激起他們的防衛心態。但問他們如果有一百美元會怎麼花，你就會得到真正的答案。他們想買的就是他那個年齡心目中最流行、最酷，最想要的東西。

7逗他們笑

小朋友覺得好玩的時候會談得更多。在嚴肅的訪談當中，他們會盡量表現得中規中矩，說一些他們認為你想聽的話。但如果你逗他們笑，他們可能就會把真正的感受和喜好表現出來，告訴你身為二十一世紀的小孩是什麼樣的感覺。他們和一般的大人相較，比較不會去自我修飾，這也是為什麼找小朋友訪談比較容易得到感覺的原因。你可以從他們身上學到不少的東西。

速效觀察法

即使是最有天分的人類學家，有時候也會因時間不夠、或是資源不足而面臨無法密集觀察的窘境。如果你想尋找現成資源，以超越周遭環境，瞭解新構想、新影像，和新趨勢，那麼，你能找到哪些資源呢？

在IDEO，我們相信雜誌和新書的快速激發能力與資訊價值。我辦公室的外牆上放滿了流行尖端雜誌以供員工取閱，雜誌非常多，從《商業周刊》（*Business Week*）、《高速企業》（*Fast Company*）到《住》（*Dwell*）、《科技時尚誌》（*Stuff*）、和《變焦》（*Zoom*）等。這些雜誌並不是藏在公司一板一眼的圖書館裡，而是放在穿流不息的開放式大廳。我們認為，隨手翻翻新雜誌，對有志於創新的組織而言，是重要而有意義的事。你甚至還會發現，這樣做對你的出版品可以產生激發作用。我們的「客戶體驗設計小組」（我們稱之為C×D）定期出版一本名為《思維炸彈》（*Thought Bombs*）的小冊子，主要是為了激發小組人員的構想。我讀過《思維炸彈》，這本小冊子讀起來引人入勝，收集各種趨勢、觀念，和令人振奮的構想，而其內容大多取材自各媒體最新、最優秀的出版品。

如果這些雜誌的能量還不能讓你產生一些感覺，我給你一個建議。去逛一下紐約市第八街的「寰宇新聞咖啡館」（Universal News and Café）吧！想像一家超大空間的書店，但高聳書架上所放的七千多種出版品不是書籍，而是光鮮耀眼的雜誌。七千多種雜誌，封面上精心設計的圖片和聳動的標題齊聚一堂，非常刺激，讓你忍不住想找個專區一次看個夠。即使你想一次看完，但書店中，光是一個類別的雜誌種類，就比你家附近超級市場所賣的雜誌還要多。我算過，光是科學類就有七座書櫃（櫃子是落地式，高達天花板），裡頭放了超過一百種雜誌。汽車雜誌有一百六十種。藝術設計類超過一百五十種。獨立的國際和外文專區，包括：法文、德文、義大利文，和西班牙文，每區都有數十種

典藏豐富的雜誌店是新鮮構想和最新趨勢的豐富資源。

雜誌，還有一整櫃的非洲區。寰宇新聞咖啡館裡充滿了資訊，結合七千種雜誌的想像力，產生了某種磁吸特質，讓人不忍離去。我敢大膽地說，花幾個小時到書店一角好好地看（他們設有餐飲部供應充足的美食和飲料），就足以讓你在你所感興趣的領域裡，吸收到相當多的趨勢知識和新字彙。他們甚至於連營業時間都很寬裕，每天從早上五點開到半夜，足足有十九個小時讓你好好地汲取資訊。

如果你不能到第八街逛，那該怎麼辦呢？大多數的大城市都有類似書店，只是規模沒有寰宇新聞那麼大而已。好萊塢的「世界新聞書城」（World Book and News）有五千種雜誌。芝加哥的「城市報攤」（City Newsstand）更多，有六千種雜誌。邁阿密的南海灘有一家「新聞咖啡屋」（News Café）。大型書店也不錯——最大的可能有上千種雜誌。即使你不想花一小時去流覽（大多數人都先入為主，認為沒這個必要），你先花個五分鐘去看，也能得到一點點後設學習（meta-learning）效果：瞭解到你可能跟不上世界的發展。而且雜誌數量之多，遠超過你的想像。花點時間看一下封面，翻幾頁，而且，對了，最好還可以讀一下。你可能會發現一些新想法，當然，也會發現你該馬上訂幾份雜誌了。

第一眼

高階主管喜歡說他們的公司會去傾聽客戶的聲音。這個世界永遠存在改善空間，傾聽當然是一件好事，但掌握現況比預測未來重要。因此，雖然詳細的問卷調查或許可以幫你瞭解客戶的滿意度，但我們實在不相信詢問客戶可以產生最佳的突破性創新。

大多數客戶善於把你現有的產品拿來和他們眼前的需求做比較，而且他們都喜歡更快、更便宜，和更好用的東西。但協助你規劃全新產品則不是他們的專長，他們也不會指點你去開創新的事業模式。問他們該如何改善你的產品或服務，就有點像是在街頭隨便找個人，問他美國太空總署（NASA）在太空梭退役之後應該發展什麼東西一樣。他們也不知道未來十年，市場上會有哪些東西是現在沒有，但對他們的生活會產生重大影響。這類的問題並不是客戶所能回答的。太多未知數了。客戶通常不能告訴你如何去發展突破性的創新。

但花一天的時間去陪客戶，觀察所發生的現象。然後，也許你就會有所進展。如果你很想做出更新、更好的東西，你就應該去觀察人們感到困擾受挫的事物。到商店去看，你也許會看到一家商店因為入口處沒有招攬效果而導致客戶過其門而不入，把這種情形記下來。觀察你的潛在客戶，研究他們為什麼喜歡用競爭對手的產品。人們為了駕馭變動不居的世界，因而發展出各式各樣的怪癖和習性，有時候，你可以從這些怪癖和習性中，找到某些新機會的強烈線索：他們如何對環境產生反應、如何探索新狀況，或是如何調整事物以便使用——他們所採用的方法，通常是那些物品的原始創造者所想像不到的。這些聰明而人性化的調整，有的是刻意為之，而有的則差不多是在無意中做出來的。珍．蘇瑞（Jane Fulton Suri）是IDEO人因業務的思想領導人，她稱這些應變調整行為為「無思維行動」（Thoughtless Acts），而且她還以這個名詞出了一本書，把她最喜愛的案例收集整理在書中。觀察客戶無思維行動所得到的心得，有時候只能滿足好奇心而已，但有時候卻能指出潛在需求，提供你獲利的機會。如果你能敞開心胸，這些「行動」能夠點燃你的思考火花——且也許，只是也許，能逼你找到更新、更有用的東西。

實際觀察

珍讓我瞭解，人類學家的田野工作，是構想創新最簡單、最沒困擾的來源。為什麼很少有組織

戴高樂國際機場旋轉閘門很好用——如果你沒帶行李的話。

採行這種技術呢?也許很多人只是在觀察之後沒有行動罷了。事後回想,好的觀察,通常看起來好像很簡單,但事實上你必須要有一些紀律,暫時放下你的例行事務,用全新的眼光來看東西。我想,企業如果瞭解簡單的觀察所能帶來的商業機會和成本抑制效果有多大,他們一定會派出更多的田野調查小組。

我從珍以及其他人類學家工作者的身上還學到一件事:這個工作需要好奇心。怎樣做才會進步呢?找一個你有興趣的領域。對我個人而言,就是旅遊。我經常旅遊,並且集中注意力去觀察哪些事物做得很好,哪些有問題,我想,在許多產業的觀察工作上,我現在已經做得很不錯了。

例如,沒多久之前,有一次搭飛機橫越大西洋,我幾乎是在無意中找到了機會。我當時要到巴黎附近演講,巴黎號稱光之城市(City of Light),我和其他的外國旅客一樣,在戴高樂國際機場降落。旅遊指南建議搭乘連接機場和巴黎捷運系統的地鐵進城。地鐵很棒，但我的第一印象卻很痛苦。買了七．五歐元的車票之後，你對地鐵站的第一次體驗就是通過進站時的旋轉閘門。而這正是問題之所在。

建築師（或許，更有可能是工程師）忽略了什麼東西呢？幾乎所有從國際航線出來搭地鐵的旅客都有行李。入口設計似乎沒有考慮到旅客可能會帶著笨重的行李，所以場面很可笑，我逗留了一陣子，看著人們賣力進站的情形。我並不是為了看別的旅客受罪以自得其樂（因為我自己也同樣碰上這個問題而對他們深表同情），我是為了觀察人性行為和解決問題的適應力。

當你要進站時，首先得擠進狹窄的旋轉閘。一旦進入那漏斗狀的空間，即使你只帶一件行李在身上都很難通過，更不用說標準的二大件行李了。因為我旅行時一向講求輕便，只帶一只滾輪式手提袋和一只背在肩上的公事包，好不容易才擠過這車站在無意間所設下的第一道關卡。但是對攜帶大型行李的人來說，標準的三岔式不鏽鋼旋轉閘卻是一大障礙。而那些帶著二大箱行李的人更是感到吃力。一方面你要把二件行李一前一後地扛到肩膀高度，一方面還要把紫色的票卡插進閘門入口的票孔裡，然後更糟的是，在你踉踉蹌蹌地通過旋轉閘的同時，還要分毫不差地把票卡拿回來。大多數旅客一開始都不知所措，但因為後面還排了很多人，而且也很想趕快到巴黎，也只好硬著頭皮通過了。我看到夫婦檔「互助合作」的方法，先生在閘門一側把行李傳給在另一側的太太。我也看到獨行的旅客，先把行李丟到閘門另一側，自己再行通過。我所看到的通關過程，簡直就像飛俠瓦倫達（The

Flying Wallendas）一樣精彩。但我沒有看到任何一個人可以帶著二大件行李，第一次嘗試就輕易通過。

任何一位優秀的建築師、工程師、設計師，或是機械師都可以輕易解決這個問題，但也只有當他們事先花點時間去注意，這個問題才能得到解決。我只是花五分鐘在那裡閒逛，做點田野觀察，也順便當做消遣罷了，但我相信應該有人每天花好幾個小時在旋轉閘附近工作，而且已經做了好幾年。我也相信這些人大多已經見過這個困境好幾百次了。我懷疑大家認為這個問題「本來就是這樣」，十年後再來解決就好了，也許要等擴建車站或是加裝電子閘門時再來處理。如果他們當初能夠做個原型研究——甚至於只要考慮一下國際旅客會帶很多行李。花點時間去觀察旅客，並設想他們的需求，那麼，我敢說他們今天就不太可能還受此困擾了。

從年輕人開始

人類學家的價值不只是協助你瞭解今天的問題，還能讓你一窺未來世界。想要瞭解明天的市場主流，不妨先看一下今天的年輕人。

跑得更快的馬

幾年前IDEO協助梅約醫學中心（Mayo Clinic）進行創新案時，我們在他們的醫藥部有一個小型辦公室。有一次我到那裡去參觀，那個小組在牆上掛了亨利·福特的一句話，我被這句話給震到了。「如果我去問客戶他們需要什麼，」渾身是發明細胞的亨利·福特說道：「他們會說，他們要一匹跑得更快的馬。」福特這句話有意思。不要期望客戶來幫你構思未來。一旦你犯了這個錯誤，你可能會得到許多「跑得更快的馬」這種建議。

福特很多的突破性成就在二十世紀初就已經完成了，但想像一下，二十一世紀初，你在消費性電子公司上班，生產錄放影機。如果你去問客戶他們對VCR的要求，讓這個問題發酵一陣子，最後，他們給你的建議會類似「超快速倒帶」。你可以想像客戶說：「當我看完一部片子時，我希望能夠儘快還給百視達（Blockbuster），因此，請給我更快的倒帶功能！」聽客戶的意見怎麼可能會失敗呢？你也許會開始做全世界倒帶最快的VCR。但你才開始要推出最新機種時，你可能已經被第一台問世的DVD播放機給擊垮了——這種機器支援更高的畫質、聲音，和容量，而且穩定性更高，完全不需要倒帶！當創新的腳步在加速時，我希望從事DVD相關業務的人能夠為接下來的創新作好準備，像是可下載的隨選電影（movies or video on demand），這些產品，可能會像DVD終結VCR一樣地終結DVD。

當然，優秀的公司還是要保持聽取客戶意見的習慣。但不要把既有的業務實務和尋求下一次的重大突破搞混了。光靠詢問客戶哪裡需要改進，哪裡需要調整，是不太可能有重大突破的。這些東西可能是你的客戶完全想像不到的東西。

我們已經談過極限人因法。這些技術的中心思想是，稍微特立獨行的人很重要，值得留意。這些人對產品或服務會表現出喜好或厭惡。這些人對產品或服務有意見甚或偏見，而且勇於表達自己的感受。聽起來像是你所認識的青少年，是吧？

十來歲的青少年經常去嘗試一些東西，拿來玩玩看，然後就愛上這東西，或是把它扔掉。盡可能地把原型做到最好的程度。孩子們就會像是到夏威夷威美亞灣（Wairea Bay）渡假一樣，試用這些最先進的科技和時尚。而當他們真的愛上某項產品時，他們的熱忱，可能會讓這項產品一炮而紅。

想想部落格、遊戲、即時通訊、和MP3檔案分享。這些潮流要靠青少年來帶動，而就在我們談話當中，他們又帶動了不少。要去注意玩具。今天的玩具，過一陣子之後，可能就發展成讓成年人沉迷的產品。

對IDEO來說，小朋友並不是陌生人。事實上，我們「監看」小朋友的場所就坐落在舊金山灣之上，裡頭的書架上放滿了有趣的讀物，而群組所用的桌子則經常改變排列方式，有時候會讓人覺得有點像個幼稚園。而被我們當成管理處的共同區域則堆滿了許多好玩的東西，還有全套的電視遊樂器，在某些日子裡，看起來就像是青少年的房間一樣。我們每二個星期就邀請小朋友來這裡，就像是找他們來玩一玩新玩具和教育性產品一樣，看看他們有什麼反應。

當然，IDEO「〇到廿」小組的玩具開發部門，多年來已經吸取了「小朋友力量」，而測試過的玩具原型則多到數不盡。還有，請注意這點：有天，創辦人布蘭登・波伊爾幾乎是在意外中發現，如果他向來這裡玩原型的小朋友，每小時收取一點點象徵性的費用，那麼，就會有更多的小朋友準時來這裡玩。媽媽們很樂意付點小錢（比請保姆還便宜），而收費，就某方面而言，則觸動她們的心理反應，讓她們想要早點到達，以免錯過她們所買的任何一個時段。

為什麼我們要觀察小朋友和青少年，並且還試著向他們學習？因為他們會吸收新構想，而成年人通常卻只會花很多時間來打擊你，告訴你為什麼你的想法行不通。就以文字簡訊來說吧，這並不是個有效率的溝通方式。但就青少年閒扯聊天，永無止境的需求來說，卻頗有吸引力，而且，沒多久之後，成年人也笨手笨腳地跟上來了。

人類學家的工作，總是要找個地方開始，而我實在是想不出來，有什麼比從青少年身上開始更好。不論你要做的是什麼案子、也不論你在哪個產業，記住，一定要觀察青少年和小朋友，並且和他們交談。我們都知道兒童使我們在精神上更年輕。他們還能幫助你瞭解未來是什麼。

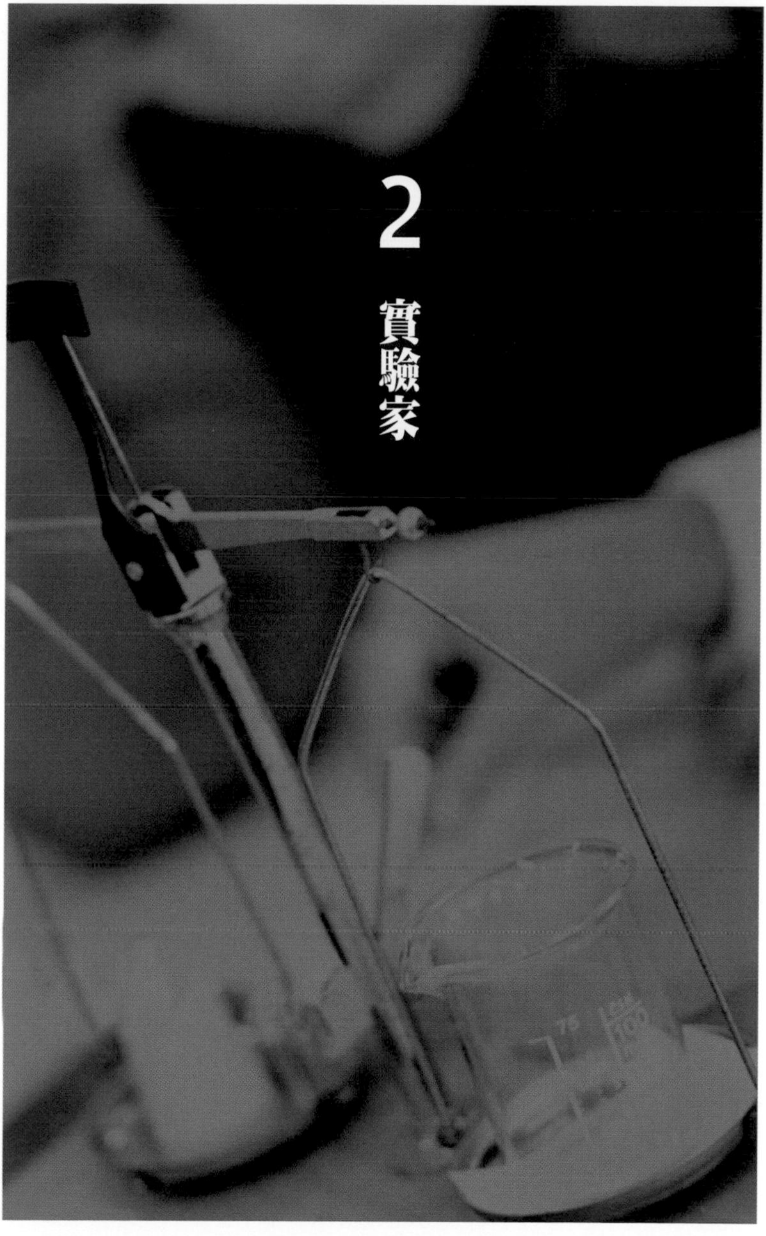

2 實驗家

我並沒有失敗。我只能說，我已經知道有一萬種方法沒有用。

——愛迪生

創新者所扮演的角色中，最典型的大概非實驗家莫屬了。當我們提到實驗家時，腦中浮現的是像達文西和愛迪生這樣的偉大發明家。但是就創新而言，實驗家並不需要是個天才。實驗家所要的特質是工作熱忱、好奇心，和開放的心胸以接納新奇事物。他們和愛迪生一樣，為理想奮鬥，從不怕吃苦。我們到北卡羅萊納州的小鷹鎮（Kitty Hawk）慶祝萊特兄弟的發明時，卻往往忽略了一件事：他們為了開發真正能飛的飛機，測試過二百種以上的機翼形式，並冒著生命危險，墜毀了七架飛行器。很少人會去注意WD－40這個無所不在的噴霧式潤滑劑名字的由來，其實，這個名字代表該公司在實驗上一共失敗了三十九次，然後才在第四十次找到理想的隔水劑（water-displacement）配方，因而得以成功。根據報導，英國企業家詹姆士．戴森（James Dyson）在成功地設計出他的旋風式真空吸塵器而成為億萬富翁之前，一共開發了五千一百二十七種失敗的原型機。

實驗家喜歡去玩、去嘗試各種不同的概念和方法。他們讓科學方法穿上溜冰鞋。他們保證讓每樣東西都變得更快、更便宜、也許還更有趣。速度是實驗家的最佳拍檔。實驗家先在初期接受一些小失敗的磨練以免後來會犯大錯。他們和各種不同形式、規模的團隊合作。他們會邀請同事、合夥人、客戶、投資人，甚至於小朋友來試一試他們的半成品——把凡是可以提供意見改善原型，進而插上一腳的人都找來。

實驗家是什麼樣的人呢？在IDEO，我們認為實驗家是能夠讓構想具體化的人——快速地把新構想畫成草圖、用膠布和發泡材料拼湊成形、拍成簡單的錄影帶而把特性表現出來、形成新的服務觀念。

在我們的世界裡，實驗所代表的標準意義就是原型開發（prototyping），而且，原型開發是IDEO所有工具的重心，就像榔頭是木匠不可或缺的工具一樣。如果我們在原型開發上沒有一定程度的紀律，就無法把許多的新構想化成具體事物。我們從事原型開發工作已經有很長的一段時間，也已經習以為常。換言之，過去這幾年來，我們在原型開發的藝術上已經學到不少東西。

首先，任何事物都可以做成原型。今天，我們把服務也做成了原型，就和製作新產品的原型一樣。概念形成中，幾乎每一個步驟都能做成原型——不只是在發展階段而已，連行銷、配送，和銷售階段都一樣。有一陣子我們做了很多漂亮的原型。但是在機械加工房裡，或在設計師的製作過程中，並不需要那麼講究。我們會做完整的原型開發循環，但第一個原型卻可能非常粗糙。

幾年之後，我們把我們認為可以做成原型的整個範圍都開發出來了。就以建議書來說吧。我們也把建議書做成原型。最近美國有一個大型的職業運動聯盟來找我們，要我們出一份建議書。我們寫了一份標準的建議書，卻得不到任何回應。但我們的實驗家認為，真正適合去嘗試全新（而且危險的）事件的最佳時機，就是當你已經輸得差不多了的時候。在我們第一次的工作成果被退件（或只是被忽略了）之後，ＩＤＥＯ一位瞭解市場的實驗家提醒我們說，收件人很少會把枯燥無味的文件拿來到處宣傳的，而一段有趣的數位內容卻可以「像病毒一樣」地四處擴散。我們想到一些低解析度的網路短片——通常是諷刺時事的幽默片——好像可以跨越藩籬，在企業裡四處流竄。雖然我們在這方面還沒有使用錄影帶的經驗，但每個人都摩拳擦掌，準備放手一搏。我們為國家運動聯盟做了一份簡單有趣的三十秒錄影帶（並附上一頁建議書），裡頭表現了我們對這項運動的熱忱和精力。拍這段短片並不用花多少時間，而且解析度很低，很容易用電子郵件四處傳送。結果，這東西成功地打破僵局。就和我們所期待的完全一樣，第一位收到建議案的聯盟執行長把短片傳給其他的同仁看，這些人接著又把信轉寄出去。差不多九十分鐘之後，我們這份有趣的錄影帶就傳到聯盟委員長的桌上了。這個低成本的實驗成功了，我們現在已經在為這個聯盟進行一個合作案，希望能幫他們再創佳績。

布蘭登．波伊爾和他的「〇到廿」小組同事都是在自然而然的情況下，成為實驗家，理由很簡單，這是該小組的業務重心。布蘭登那一組人為兒童和青少年開發了各式各樣的商品和服務，每年都要為數以百計的新構想製做原型。有了這麼多次的原型製作經驗，他們總該有些心得吧！他們的心得是：重要的是過程，而不是工具。有時候你可能要拍一段短片來做成原型。有時候用手畫一畫就

以超快速度做出來的音樂節拍燈光踏板原型已足以拿來和客戶溝通，並把觀念賣給大型玩具公司。

行了。有時候一份粗略的分鏡腳本就足以表達複雜的程序。對實體的東西來說，我們有一大堆的電子原型製作工具，像是立體刻版技術（stereolithography）或是雷射選取燒結技術（selective laser sintering）等。其他時候，你所需要的可能只是一塊彩繪木板，再巧妙地配上電腦繪圖和錄影機。

實驗家把觀念從文字化為草圖、模型、以及，是的，成功的新商品，其速度之快，讓人興奮。有一天早上，布蘭登的團隊正在做每天例行腦力激盪時，突然出現了一個新構想。用音樂節拍來控制燈光地板，讓小朋友在上面踩跳，這個想法如何？這個構想很簡易，也引起大家的共鳴（他們馬上就聯想到「飛進未來」〔Big〕電影中，湯姆漢克在巨大的鋼琴鍵盤上跳舞的影像），因此他們立刻著手製作原型。他們鋸出二乘六的燈光踏板，板子上的「音樂區」塗上鮮豔的顏色，並且找來年輕的自願受測者在燈光踏板上活潑地跳舞，拍成錄影帶。然後他們用電腦繪圖把錄影帶小心翼翼地調整，讓舞步和音樂節拍吻合，這樣就大功告成了。

實驗家把觀念從文字化為草圖、模型，以及，是的，成功的新商品，其速度之快，讓人興奮。

整個製作時間：只用幾個小時做實體原型，再加上一天半來做錄影帶。該次腦力激盪後不到一個月，一家知名的玩具大廠買下了這個構想，並且開始準備生產，進軍市場。

這種精神就在實驗家的心中。工具並不是重點，儘快把構想化成具體或是看得見的東西才是重點。我建議你營造一種環境，讓員工不要怕，把未經修飾的原型展示出來沒關係。把不成熟的原型拿給主管或是客戶看需要一定程度的自信。原始的原型比修飾過的原型更需要勇氣。

IDEO芝加哥辦公室為一家手術器材公司，佳樂耳鼻喉公司（Gyrus ENT）做了一個專案，第一個星期所發生的事就是很好的例子。剛開始時，有個會議把我們和該公司的醫療顧問團找來，討論鼻科手術新器材所要具備的功能。因為在座的很多都是外科醫師，經驗告訴我們，應該要尊重他們，於是我們盡量表現得中規中矩。換句話說，我們的人也知道，創新靠的是自由自在的表達，即使是最不成熟的想法也是一樣。一群人比手畫腳地討論這項還沒發明出來的產品，卻毫無進展。後來，我們一名年輕的工程師突然腦筋一閃，衝出會議室。他在會議室外頭，以「實物藝術」（found art）的手法

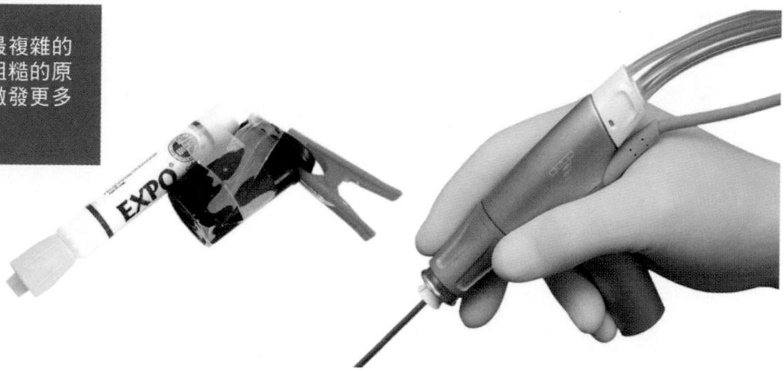

即使是最複雜的產品，粗糙的原型都能激發更多新構想。

搜尋辦公室裡的東西，撿起一枝白板馬克筆、柯達軟片黑色塑膠盒，和一個橘紅色曬衣夾。他用膠帶把馬克筆和塑膠盒黏起來，再把橘紅色夾子夾在底片盒的蓋子上。結果就完成了這項手術新器材最粗糙的模型。他神祕地離開會議室五分鐘之後，帶著這個幼稚園水準的原型進來，拿給一位德高望重的外科醫師。他問：「你們想要的，是不是像這樣的東西？」這位醫師答道：「是的，就像『這樣』！」

第一個原型很粗糙，竟然就能讓整個案子順利進行。神奇的是，複雜的地牙哥外科系統（Diego Surgical System），如今每年有成千上萬的手術使用這種工具，竟然是從這個原始模型發展出來的。甚至連該器材前端的旋轉式控制環都會讓人聯想到最初那枝馬克筆的筆套。要是當時我們的年輕工程師服膺「永遠不要在重要客戶面前展示半吊子的構想」，他也許就沒有信心把第一個重要創意提出來。他可能也就因此錯失了把外科醫師想法具體化的機會。他勇於冒險把不成熟的原型提出來，終於讓整個專案動起來。

我從佳樂小組學到了降低原型門檻的價值。讓大家接受，可以在粗糙的初期階段，就把構想提出來，並成為一種文化，那麼，你就會看到更多的構想源源不絕而來。在一次偶然的機會裡，我第一次把這個原型的照片，在演講中展示給企業界人士看，一位來自達拉斯的高階主管問我：「如果我公司裡沒有創意人才來做這種原型時該怎麼辦？」我看著她，再看一下那個原型，反問道：「你是在開玩笑吧？有哪一個部分是你們的人做不來的？膠帶嗎？」

這就是降低門檻之美。組織裡，幾乎任何一個人都能動手試試看。我和一群非常有天分的設計師一起工作，他們所弄出來的圖，可以放到雜誌上當封面，還可以把東西畫得非常逼真，讓你以為是用照相機拍下來的。但是當我在白板上，用我笨拙的繪畫技巧把我的構想畫出來時，他們並不會笑我。他們要看的是畫中的概念。

對不成熟的原型採開放態度似乎有點散漫而不切實際，但我相信，大多數組織的社會生態，對於這種微妙的文化現象線索，溝通效率非常高。當一個有創意的人向他的老闆（甚或他的同事），展示一個好構想時，即使這個構想在某些方面還有待修正，大家會非常關切接下來的後續發展。組織會在創意上做進一步的發展，還是去嘲笑創意？管理階層是把焦點放在瑕疵上還是未來的機會上？

對於我們所顧問的公司，我鼓勵高階經理人不妨稍微「偏心」一點——對表面的細節可以睜一隻

我鼓勵高階經理人不妨稍微「偏心」一點——對表面的細節可以睜一隻眼閉一隻眼，只從大方向上來看整個構想。

眼閉一隻眼，只從大方向上來看整個構想。非正式溝通系統很快就會把訊息傳開。如果你組織裡的「重要人物」懂得用這種方式來偏袒創意，這將傳達一個訊息給所有的潛在實驗家，告訴他們，不妨去嘗試新事物沒關係。在原型製作的文化裡，你可以看到許多新構想——雖然很多在當下並不是很成熟。

極限原型製作

還記得我說過，你可以把任何事物都製成原型嗎？

我們有一個小組幫一家醫院做攸關生命誕生的生產過程改善計劃。這家醫院的問題是產科病房和產後護理站似乎沒辦法相互配合。雖然這家醫院一年有好幾千名寶寶出生，但這二個部門的關係，就好像不是同一個接生過程的上下游一樣。

我們決定要親自去體驗一下產婦（還有她先生）在這家醫院所受到的醫護過程。因此我們以祕密的方式進行。我們找到一位孕婦住進產科病房（客戶剛好有一位是孕婦）。她先生沒辦法參加，我們就找一個ＩＤＥＯ員工代替。令人訝異的是，我們這招竟然在大多數的過程中，都可以矇混過去。這對「夫婦」成功地通過了醫師和護士所做的標準初次面談——醫生並沒有比護士更聰明。我們跳過實際生產過程，因為孕婦的預產期還有一個多月。

但這並不重要。如何改善從產科病房轉換到產後護理站的過程，才是我們所要探詢的重點。我們的「臥底媽媽」躺在活動病床上，被人從產科病房裡推出來，經過走道，搭電梯上了好幾樓。「爸爸」手上抱著嬰兒（其實是一具洋娃娃）。

聽起來不可思議，產後護理站的護士似乎沒有在第一時間發現寶寶是個洋娃娃！而冒牌的病人也矇混了好一陣子，直到護士把她的手術服掀開，用疑惑的表情問道：「為什麼你還穿著褲子？」

我們的客戶解釋這是刻意安排的實驗之後，這名護士才鬆了一口氣，歎道：「這樣也好，因為你的寶寶看起來真的很奇怪。」

我們的工作進一步衍生出一系列的服務原型，協助他們解決病患移轉的問題，並改善二個部門間的溝通和「換手」問題。像這樣激進的原型製作方式，可以為案子帶來神奇的效果。我們的客戶自己親身去體驗整個產科病房到產後護理站的過程。她躺在搖搖晃晃的活動病床上，瞭解病患的感覺。產科病房似乎急著把她推給產後護理站。她感受到二個部門之間的隔閡，也感受到二個部門在資源上的競爭，更感受到一名產婦在移轉過程中的無助和失落感。

也許有人會批評說，只要對產婦做一些觀察，加上訪談，盡職的觀察人員就可以看到全部問題。但對創新案來說，特別是涉及服務和複雜感受的案子，很少可以不需要合作和實驗就能完成。如果客戶能夠躺到病床上——親自去體驗真正產婦所感受到、所見到，和所想到的一切——這比做一千次訪談的效果還要好。

實驗家會在原型製作的過程中，參與利害關係人的活動。他們可以找到真正有用的觀察。他們首先在今天的做法和明天的創新二者間的缺口，建立情感上的連結，這正是彌補缺口所不可或缺的橋樑。

透過實驗來推動新作法

到許多不同的地點提供服務，在設計和執行上，與設計一項產品比較起來，有著根本上的差異。你不能像在輸送帶上大量生產同款汽車一樣，在各個城鎮大量提供相同的服務。美國的連鎖事業非常成功，也許會讓人認為服務也可以大量生產。我們很容易就因為看到經營得有聲有色的連鎖餐廳，而認為如果他們可以複製成功經驗，為什麼我們就不能呢？但我們從服務業創新上所學到的經驗是這樣的：服務，最終還是取決於人和團隊。這和提供優良服務的人可以贏得客戶的尊敬和忠誠有關。

我舉個例子。我們和某家知名的醫療網路旗艦醫院在某處進行大型的合作案，我們在「總部」為他們的服務開發出許多有價值的創新。在傳統連鎖經營模式下，下一個步驟就是把這些新開發出來的服務推廣到衛星地區。但彼德・考夫蘭（他是ＩＤＥＯ改造小組的主管，負責幫客戶公司培養創新文化）指出，「推廣，聽起來很可怕，就像推翻一樣。」系統和創新之間，與生俱來就存在著矛盾。我們相信方法論的重要性，也相信要設立服務標準，但是當你在處理具有一定獨立水準的單位時（像大企業的分公司、或是高級連鎖大飯店），你可不能像熨斗燙衣服一樣，拿著新構想要求各單位比照辦理。

在這個案子當中（其他案子也一樣），我們發現，旗艦醫院所開發出來的創新，往往需要適當轉化，才能成功地推廣到周邊地區。彼德常常建議我們，向周邊地區介紹新服務時，不妨以請他們「做實驗」的方式行之。之所以要這樣做，是因為變革會在個人以及組織的層次上發生作用。如果不是當地所開發、或是自願採行的構想，反對的聲浪可能就會非常兇猛。「你要讓周邊地區成為研發的左右手，」彼德說道：「如果他們碰到新問題，你要讓他們自己找出新辦法來解決。」

以施壓的方式來強迫人們採用別人的方法會激起敵意和抗拒。我們的做法和此相反，我們邀請當地的人員來對關鍵觀念發展原型。為了讓每個人都非常清楚地瞭解，我們並沒有單一解決方案這種理念，我們對每個問題的解決方案都做了二個，或二個以上的原型。這可以讓當地員工感受到「對我們有哪些好處」。他們可以修正基本構想（例如，更好的職員排班表），以符合當地特殊的狀況。更重要的是，我們給他們時間和空間來推動屬於他們自己的新變革。整合他們，讓他們投入到原型製作過程，這需要一定程度的坦誠。我們稱之為「透過實驗來推動新作法」。畢竟，他們就是把新服務依據不同環境，轉化為實際業務的人，而在某種程度上，他們所面對的環境都是獨一無二的。

不斷實驗，試著以此作為你開發新服務的方法。擁抱實驗和原型，並向推廣說再見。成功的實驗，不管發生在組織裡的哪個地方，你都要以開放的心胸去學習。你也許會感到驚訝。不僅是你所投入的主要提案更容易成案，你還會有個使命，到各地去鼓吹提案，讓你整個系統的創新動能源源不絕。

即時做實驗

我所接洽的公司當中，很少能夠像矽谷的調謎電話網路公司（Tellme Networks）那樣，把「透過實驗來推動新作法」奉為圭臬。你可能從來沒聽過調謎，因為他們在消費者心目中，並沒有什麼名氣。但如果你曾經使用過語音操控（voice-powered）電話系統，不管是美國航空公司的訂位系統，或是全美分類指南服務公司的電話服務，你用的可能就是他們那套聰明的語音辨識軟體。去年，我曾經和「使用者親和性」設計專家，唐．諾曼（Don Norman）一起去拜訪調謎公司。唐在出發前三天，先以美國航空的語音辨識電話訂位系統，訂購到洛杉磯（L.A.）的機票以測試他們的軟體，唐向調謎的高階主管反應，系統沒辦法把「ＬＡ」辨識成洛杉磯，而這幾乎是舉世皆知的簡稱。當我們和調謎的總裁麥克・邁丘（Mike McCue）會面時，唐說了：「我對你們系統感到印象深刻，只是，在辨識『ＬＡ』時，有點打結。」「噢，這件事啊？」邁丘用驚訝的語氣問道。「我們已經改好了。」我不敢相信。一套超大型的即時系統，每天還要在全國性的電話網路系統上運轉，竟然可以在三天之內把程式寫好，並測試完成上線？

「這不算什麼。」調謎公司的來電客戶感受副總蓋里・克萊頓（Gary Clayton）事後跟我說道：「我們還能比這更快。」接著，他告訴我他們和ＵＰＳ的高級主管在矽谷晚宴的故事，那時，調謎想爭取ＵＰＳ這家客戶，對他們百般示好。當他們在日之舞牛排屋享用特級肋排大餐時，一位高級主管提到，他們最近已經把公司名稱重新規劃過，不再用全名「聯合包裹服務」（United Parcel Service），而直接簡稱為「ＵＰＳ」。「你們的分類指南系統裡，還是用『聯合包裹服務』，」她指出：「看起來也許不是什麼大不了的事，但對我們來說卻很重要。」沒多久，蓋里起身去打了一通電話。接著，甜點還沒吃完，蓋里就把手機拿給ＵＰＳ這位高級主管。「再試一次看看。」他建議道：「我想，你聽到之後會很高興。」就在主餐和甜點之間，調謎公司的鬼才軟體工程師已經很快做了修正，並正式上線，在調謎的電話網路服務上，讓ＵＰＳ按照他們想要的方式作語音辨識。如今，ＵＰＳ是調謎的客戶，我們一點都不訝異。

我們從這個故事所學到的道理，適用於所有公司——從金融業、製造業，到零售業。如果實驗是你企業文化的一部分，你就能夠在幾天，甚至於幾小時之內作反應，針對市場變動和客戶需求，調整你所提供的產品或服務。靈活的彈性和快速調整可以拉大你和同業之間的距離。

把錯誤沖到馬桶裡

IDEO有一條定律：「失敗越多，成功越快」。這是根植在我們快速實驗的理念上。如果你的企業文化，相信大量快速原型的方法，那麼，在成功的道路上，小錯不斷是個重要的步驟。

不幸的是，有不少的人和組織，經過許多小錯誤不斷打擊之後，竟然對失敗產生了恐懼感。這是一種自我摧殘。事實上，恐懼只會讓失敗更容易發生，也使得實驗幾乎無法成功。

那麼，你該怎麼辦呢？有一個「積極教導法聯盟」（Positive Coaching Alliance），數年前成立於史丹佛大學，他們發現，恐懼失敗是兒童無法盡情享受運動的一大原因。為了要克服這個自然的恐懼感，該聯盟提倡所謂的「錯誤儀式」。

不妨將此想成「成功儀式」。其目標在於掃除一切的失敗陰影，以為成功作準備。積極教導法聯盟的一位理事，肯恩・賴唯哲（Ken Ravizza）博士最近有機會在加州州立大學富樂頓分校（Cal State Fullerton）實際施行這個儀式。該校的棒球隊連連敗北，聲名狼藉。賴唯哲是著名的運動心理學家，也是運動學的教授，他準備對這個球隊，泰坦隊（Titans）好好地再教育，改變他們對失誤的看法。如果球員被三陣出局、或是打擊出去卻遭到雙殺、或是其他打擊士氣的失誤，他們會回到球員休息區，把失誤丟進玩具馬桶裡「沖掉」，這個玩具馬桶有手掌大，看起來很像真的，而發出的沖水聲也同樣很像。打擊時，他們會在腦海中攜帶這個小型馬桶的影像。如果揮棒落空，他們會暫時離開打擊位置，在腦中想像把錯誤「沖掉」。

他們還有團體的儀式。慘敗之後，他們會圍成一圈，把球衣脫下來甩到地上——去除這場球賽的陰影。他們甚至還放棄美國人的最大消遣活動：責罵裁判。裁判如果把球判錯了，新的泰坦球員會向裁判道謝，感謝他判好球。

突然間，泰坦隊開始贏球了。該隊開始時那種十五勝十六敗的二流成績已經「沖掉」了，現在的戰績真是讓人熱淚盈眶，三十二勝，只有六敗，而且，更不可思議的是，他們從敗部復活，打進大學世界大賽（College World Series），爭奪全美冠軍寶座。

你能夠找出一種象徵性的方法，把錯誤趕出你的公司、部門、或是團隊嗎？這樣做無傷大雅，而且還可以把你的團隊，也變成贏家。

薄如紙張的原型

很多人認為原型和創新是龐大而複雜的整合工作，但通常那些成效很好的原型，竟然是那麼的小巧，我為此感到非常神奇，也受到激勵。有時候，祕訣只在於如何針對一個問題找出解決辦法而已——例如，客戶的家裡很擁擠，你要如何為你的產品或服務爭取到空間呢？還記得當年第一批四十二吋平板電視問世的情形嗎？光靠降價本身還不足以吸引家庭消費者的興趣來買這第一批產品。零售商還碰到另一個問題：大型平板顯示器所要佔掉的牆壁空間太大了。

消費性電子行銷人員告訴我，平板電視和傳統電視在外型上的差異，改變了家庭在採購電視上的決策模式。他們說，傳統電視機屬於「科技」範疇，通常歸在先生的領域，而新的薄型平板顯示器則屬於內部裝潢的範疇，通常由女主人來決定。二者在外型上的差異實在太大了，所以很多人對於新電視該放在家裡的哪個地方（或是家裡適不適合擺這台新電視），一直傷透腦筋。

瑪莉・杜恩（Mary Doan）是好人電子零售商（The Good Guys）的行銷與廣告主管，她把她們做實驗以克服這項障礙的故事告訴我。在一次到紐約的行程中，她看到Z卡公司所出版的精美摺疊式地圖，靈機一動，認為摺疊式的小冊子只要稍作修改，也許就可以幫她把門市裡的平板電視銷售出去。

這個構想後來發展成好人電子聰明的摺疊式廣告單，摺好之後夠小，可以夾在報紙或雜誌中，

即使原型只是一張簡單的紙，也能夠吸引客戶，「試用」你的產品。

打開之後，則是四十二吋平板電視實物大小的海報——雖然，這個實物大的原型，當然是張「超薄」的平板。我看到這件廣告單時，我可以想見，成千個家庭把這張薄紙所做成的平板電視，貼在客廳的牆上，然後說：「老公（老婆），你看，我們可以擺在這個位置。」事實上也是如此。隔月，好人電子平板電視的銷售業績就馬上有起色，而且有一位店長說，有一天，來店的客戶中，有五、六組都表示他們已經把紙版的平面電視貼在牆上了。

簡簡單單的紙作原型，就足以把具體的視覺效果呈現出來，先前懷疑家裡是否有足夠空間來容納這項新科技的人，其需求也因而激發出來。我最欣賞的故事是，瑪莉告訴我，有一位加州威尼斯海灘（Venice Beach）的單親爸爸，在十一月的某一天下班回到家裡，發現他的孩子把四十二吋的廣告單貼在牆上。「老爸，這就是我們今年想要的聖誕禮物。」而這位爸爸說，他根本就無力對抗那張薄紙所作成的原型。

你要如何做，才能讓潛在的客戶在視覺上瞭解你的產品或服務，並產生具體的概念？你能夠用便宜的原型，消滅所有妨礙潛在客戶進一步成為忠實新客戶的因素嗎？

原型多多益善

實驗家相信，就原型的數量而言，越多幾乎就等於越好。只做一個原型就像只養一隻兔子：雖然還是有些價值，但養二隻更有趣，而且還有機會越養越多。單一原型的問題是，當你把這唯一的聰明點子展示給別人看，而有所期待時，「你覺得怎麼樣？」他們的回答，往往會受到對你個人觀感的影響。如果他們是你的朋友，不論構想的好壞，他們都會給你鼓勵。但如果向仇人介紹你的構想，你註定要被潑一盆冷水「我不懂這是幹什麼用的！？！」在IDEO，我們總是一次展示多種原型來防止這種沒有營養的反應。身經百戰的實驗家知道，提供多種選擇，可以讓大家更坦誠、更積極地討論你的寶貝構想的優缺點。

我們舉一個非關企業的例子，聽起來也許很熟悉。有一天晚上，吃過晚餐，我太太說：「老公，我今天買了一套新衣服。」然後就躲到房間裡試穿去了。幾分鐘之後，她穿著新衣服回來。「來，你覺得怎麼樣啊?」當然,這個問題背負著期望。你一定得喜歡這套衣服,對吧?然而,這還是個原型,因為標籤還沒拿掉,可以退貨,但這不是重點。她是穿著這件衣服來問你對衣服的看法。她親自挑選、試穿、花錢買下來,然後帶回家。我一定得喜歡這套洋裝,因為已經很明白了,這是她的選擇。桌上只擺著一樣東西,我不是站在她這邊,就是唱反調。

實驗家瞭解引介多種原型的價值。他們把這種情境轉移了。想像一下,如果不是到最後才拿一套衣服放在桌上讓你選,而是你太太在百貨公司拖著衣服到試穿室試穿的過程當中,讓你有機會更早看到這七套洋裝。你太太進入試穿室之前,先停下來問問你的看法。這次,你是在不同的衣服之間挑選,你可以拿起那套她在上個例子中所挑到的衣服說:「親愛的,我覺得這件衣服和你不搭配。」如果你願意,還可以向她解釋為什麼這件衣服不理想,不過,通常沒這個必要。你並不是說她穿某件衣服不漂亮。為什麼你能夠說實話?因為你並沒有陷入這種尷尬的狀況:你所關心的人已經把所有的雞蛋全部放在同一個籃子裡。同理,把你的老闆(或是客戶)逼到相同的窘境,這也是不智的。不要逼對方作愛恨交關的抉擇。客戶通常很少只看上一種東西,面臨要或不要的情境。他們習慣對各種不同的選擇,評估優缺點,並顯示出他們的偏好。

在你的預算和時間限制下,盡可能提供最多的原型。你將可以避免掉尷尬的對話。也可以得到更坦誠、更真實的回應。而且你還可以從每一個原型中學到一些東西,讓最後的成品,和開發過程中各個原型相較，顯得更巧、更好，也更成功。

無疑的，有些讀者會認為：「當然，我們也很想做更多的原型——但我們的經費實在不足以支應那麼多昂貴的實驗。」這正是你必須把原型的標準降低的原因，比以前更快、更便宜地製作原型。

化「險」為零

進行許多小實驗的價值，對於有服務使命的事業單位特別重要。位於波士頓的布萊根婦女醫院（Brigham & Woman's Hospital）面臨了和許多大型企業同樣的辦公室瓶頸。中午用餐時刻，電梯有時候會非常擁擠，上下樓層就像是烏龜在爬一樣。大多數的企業也許會認為這只是不方便或是沒有效率而已。但對醫院而言，這可是個嚴重問題。親友，更不用說是醫師了，探視病患困難重重。我們很快地做腦力激盪找出解決方法。當大廳主要的電梯陷入過度負荷的困境時，一旁的病床和醫療器材專用電梯卻處於閒置狀況。如果他們在專用電梯裡設個警衛，讓他控制電梯，在不影響病床和醫療器材使用電梯的情況下，讓大家有更多的電梯可以搭乘，這不是更好嗎？布萊根為了測試這個想法，派了一名警衛到電梯裡執行幾天這項任務。同時，該小組還從另一個角度來解決問題。如果他們能夠鼓勵大家多走樓梯呢？光是下令所有職員只能爬樓梯似乎很難見效。那麼這個小組如何處理呢？他們推出了爬樓梯比賽。

「你有沒有爬樓梯？」這張彩色海報就掛在顯著的地方。上面有一份護士、醫師，和技術人員的名單，他們每爬一次樓梯，就在名字旁邊貼上一個貼紙。你猜結果如何？有一大群護士（還有一些醫師）非常熱中此道，而午餐時段電梯的擁擠情形也獲得紓解。這項競賽在好幾個層面上發揮作用。這樣做，喚起大家對使用電梯的警覺心。也讓小組成員有機會把自己的部分做好，然後整合起來。另一項也很重要的意義是，這件事讓我們知道，做一點小實驗是不會有問題的，去冒險沒關係。

這就是實驗家的精神，他們熱愛原型。IDEO倫敦分公司的設計師艾倫·紹思（Alan South）稱之為「化『險』為零」（chunking risk）。看起來很大的問題，打散成許多的小實驗，要把問題打散到（忽然間）即使作了系統上的調整，也感覺不出來的程度。其力量來自於同時進行許多小步驟調整所累積的能量和樂觀態度，因為改善一項、或是多項措施的綜合效果，將會帶來我們所要的效果。

下次你碰上複雜的瓶頸時，不妨試試看。「化『險』為零」很管用。

打破成規

聖牛、基本教義，這些東西，你愛怎麼稱呼，就怎麼稱呼吧。總有一天，實驗家必須去衝撞某些關鍵假設以求突破。幾年前，總部設於明尼亞波利的法龍廣告公司（Fallon McElligott）正打算為BMW製作下一檔的電視廣告。但他們沒有「按照遊戲規則」，拍一檔業界標準的三十秒商業廣告，到各大都市買下主要媒體的廣告時段，不停播放；而是讓BMW委託幾位世界頂尖的獨立導演，各拍一齣八分鐘的短劇，取名為「雇用」系列（The Hire）。這些短片從來就沒有在電視上買時段打廣告，從根本上挑戰商業廣告的定義——在bmwfilms.com網站上做線上首映。完全不是標準的商業廣告。完全不買廣告時段。BMW的市場口碑這樣強大，總是能得到全球各大報和電視媒體的免費報導，而且汽車迷之間開始傳遞影片網址，事實上就和連鎖信一樣。BMW不用再受到電視廣告合約密密麻麻的條文限制（例如必須在影片上提醒觀眾，本片係職業駕駛在封閉式跑道上之表演），終於有機會讓BMW把車輛的超高性能發揮到極致。而且巧的是此時寬頻網路興起，提供網路多媒體的存取能力。每次BMW有新產品發表的時候，IDEO的網路就會明

bmwfilms.com網站是個人膽的實驗，成功地為汽車製造廠建立驚人的市場口碑。

顯地變慢好幾天，屢試不爽，看起來應該是全公司三百五十名員工都在用網路看ＢＭＷ的新潮電影。

這系列影片的成就，不只是為ＢＭＷ的網站帶來巨大的流量而已（超過五千萬人次在線上看過這些影片，而且我還曾經看到飛機上的娛樂頻道播放該片）。整個促銷案其實就是個實驗。這家汽車廠只是把握機會試了一下，結果報酬甚豐，連續二年業績創新高。

原型之銷售

今天，光是想出偉大的新產品還不夠。你還必須找出方法來賣這些鬼東西。這也許就是最重要的原型。將來，公司必須在新產品（或新服務）的開發和銷售上更具創意。昨天的成功方法，並不保證在明天依然可以成功。第一波的網路銷售——從戴爾（Dell）高效率的直銷方式、亞馬遜Amazon.com網站的「點一下購物系統」、到嘉信理財網（Charles Schwab）的網路下單——讓早期的創新者得以領先市場，部分公司在今天仍然保持領先地位。然而今天，免費的「市場口碑業務員」之興起，卻頗有爭議（但目前還算是成功），這個方法運用地方上的意見領袖和流行領導人來為新產品鋪路。

我們來看看特百惠（Tupperware）這個典型的故事。特百惠保鮮盒是厄爾・塔珀（Earl Tupper）在杜邦時，從石化業生產聚乙烯的廢料中所開發出來的，因而以此命名。塔珀很快就知道如何修改和生產物料，使成為各種有用的器具。但他在銷售這些新發明時，則沒有那麼順利。一九四七年時，塑膠產品的市場形象很差。雖然塔珀開發出一整套的廚房用品，其精美程度足以拿到現代藝術博物館（Museum of Modern Art）作展示，但銷售成績卻很差。剛開始時，塔珀的專利產品——氣密保鮮，實在不易展示。氣密的東西，應該可以明顯地發出一聲「啵」，但他的潛在客戶卻很少能在試用時發出這個聲音。

在一次偶然的機會裡，他的朋友把特百惠保鮮盒送給布朗妮·懷斯（Brownie Wise）女士。懷斯練會了發出「啵」聲的技巧，而且她還發現，即使掉到地上也不會有滲漏的情形，她感到很神奇。雖然懷斯所任職的經銷商賣的是其他公司產品，她還是提出要求，希望能賣特百惠的產品。她有什麼神奇想法嗎？她的新方法是找許多願意推廣這項新奇產品的人來家裡開派對，而且邀請的範圍不斷擴大。接下來呢，就如大家所言，成為一段輝煌的歷史。懷斯很快地就創下佳績，每週銷售超過一千美元。厄爾·塔珀立刻抓住這個機會，丟下門市部分，轉而聘請許多布朗妮·懷斯的推廣員，直接銷售特百惠保鮮盒給客戶。業績一飛沖天。

今天，企業還是面臨同樣的基本問題。促進銷售、建立早期口碑的最好方式是什麼呢？很多地盤早就被瓜分殆盡了，因此，做實驗，找出適當的媒介以傳達你特有的訊息非常重要。

錄影帶原型

我們發現，現在IDEO經常接到的案子是製作體驗世界的原型而不是單一商品。我們漸漸變成了戲院，要為錄影帶設計並協調複雜的環境，動用許多科技、建築元素，當然，還有人。例如，沒多久之前，我們接到一個案子，要我們調查溫泉會館的經營理念。過去，這種案子的做法多半是進行許多的產業研究，然後交給客戶一份精美的報告書。

我們的做法如下：我們找了許多女士（和先生），到他們家中訪談，詢問他們對美容產品和沙龍的看法。我們實地走訪許多溫泉會館並加以研究，和各種想要泡溫泉的人面談，還找到一位有趣的產業專家來幫忙。我們在康乃迪克州找到一位經營沙龍的男士，他的店看起來就像是精緻的酒吧，我們請他為我們做觀念上的指導。女性朋友喜歡聚在一起，去沙龍修指甲，當作社交活動。我們從許多的訪談和研究中找到所要的想法之後，就開始為我們的新溫泉會館開發視覺影像，讓客戶能夠具體看到整個觀念的運作情形。

我們是如何把構想中的沙龍製成原型呢？我們寫了一套錄影帶劇本。我們先弄好簡單的腳本，然後再找來自由作家幫我們修改成短劇。我們的設計師以先進的電腦繪圖做出溫泉會館背景。劇情大綱很簡單：對業主和客戶作訪談。我們真的去試鏡找到一位演員來擔任沙龍老闆，但拍出來的結果太假了，所以我們只好去找我們的錄影帶鬼才，克雷．席佛生（Craig Syverson），他的口音、髮型，和態度剛好符合劇情要求。克雷不論在外型上或是言談舉止上，都很像一位職業髮型設計沙龍的老闆，他以權威的口吻，說明這個新溫泉會館的理念如何讓客戶滿意、生意興隆。

大多數人第一次看這段短片時會認為真的有這家溫泉會館連鎖店。整支錄影帶就是個原型，當然，這錄影帶的基礎建立在我們對真實人物的觀察和訪談上。這支錄影帶也為我們客戶在腦海中留下了具體的面貌和聲音。我們在大螢幕上播放給客戶看，並燒了幾十張光碟給他們。

錄影帶有速度和經濟上的優勢。我們當然可以去建造一座實際的沙龍原型，但所花的時間和成本將會相當可觀。而且，即便真的建造出來，也未必就能帶給我們真正沙龍體驗的感覺。在展示沙龍的外貌和感受上，錄影帶原型是快速而極致的視覺表現法。

另外一個案子是福瑟拉（Vocera）公司，這是矽谷一家前景很好的新設公司，專做校園無線語音操控通訊系統，我們的錄影帶最後發揮了多項功能。不只是把他們這項世界最先進的產品／服務組合化為具體的視覺展示，還幫他們贏得了產品設計獎，而且，更重要的是，贏得了許多投資人的青睞。

任何公司都可以自己做錄影帶原型，但是當你在扮演實驗家角色時，所用的方法和扮演人類學家時的方法有很大的差異。在實驗家模式時，錄影帶並不是資料收集或輸入的工具。這完全是一種素描品質上的溝通，以最起碼的表現品質，傳遞構想。此外，人類學家拍攝錄影帶時完全不打草稿，只是要看看他們能夠發現什麼事物，而實驗家原型則有一定的觀點和構想，作為溝通標的。因此，為你的錄影帶原型編劇，甚至於為每個場景寫腳本是很合理的事。由於企業觀眾能夠注意觀賞的時間越來越短，我們建議你的錄影帶長度不要超過六分鐘（如果你願意接受挑戰，三分鐘以內更好），這表示整個劇本裡的旁白不超過一千字。毛片拍好之後要作無情地修剪以去蕪存菁，只表現你的核心想法，而且在表達上一定要明確清楚，即使是完全不瞭解你東西的人，也要讓他們一看就明白。想像一下最樂觀的狀況，你的錄影帶四處散播，順著企業階梯往上爬了好幾層，或者，更妙的是，「層峰」因為和你的配銷通路或是客戶聯絡而看到了錄影帶。你不需要一修再修（如有必要，你總是可以在下個階段再好好地修），但一定要做到調性和內容能讓客戶喜歡，不能太陽春。如果你想成為一位實驗家，那麼就把錄影帶放入你的原型工具箱吧，在創新的過程中，你將發揮巨大的影響力。

遊戲時間

我之前已經稍微提到青年和青少年對於新產品的構思有很大幫助。在IDEO，我們和客戶都越來越體認出年輕一代想法的重要性，而且不僅止於他們這個年齡層的商品而已。我們花很多的工夫來教育客戶，要他們瞭解十歲左右的少年——即《紐約時報》雜誌最近所說的「那些八到十二歲懂得控制荷包的小孩」。我們認為這些十歲左右的少年是個完全不同的族群，因為我們發現，這些小孩經常在親近父母或是獨立自主之間，有著矛盾的慾望。

光是閱讀有關這些少年和青少年特性的書是不夠的。我們的「〇到廿」團隊用盡各種方法，把年輕人引進實驗階段。找各種不同年齡的小朋友來測試我們的玩具和產品，而且，正如我先前所提的，我們經常到他們家裡去拜訪（在他們父母的同意之下），看看他們的實際行為以及看他們如何玩。

單單是讓小朋友說出他們的想法就可以讓你學到很多東西。比許多書籍、故事，和電影所瞭解的基本概念還多。想像一下《歡樂糖果屋》（*Willy Wonka and the Chocolate Factory*）這部經典的兒童奇幻電影（二〇〇五年重新拍過，片名為《巧克力冒險工場》〔*Charlie and the Chocolate Factory*〕），對相信創新的人頗具啟發作用。片中王卡衛（Willy Wonka）邀請小朋友來攪拌原料，把工廠的創造力完全發揮出來，成為《愛麗絲夢遊仙境》般的巧克力工廠。

讓小朋友表達他們的意見可不只是在鬼混。注意聽最年輕客戶的聲音真的很值得。我們看看丹麥的食品業巨人——丹尼斯克（Danisco）公司，他們宣稱全世界有一半的冰淇淋採用他們的原料。丹尼斯克的傳統做法是把新產品開發出來之後，再請小朋友試吃。然而，在二〇〇一年底，該公司突然想到要把這個過程反過來。該公司和王卡衛的做法一樣，招待一群小朋友到哥本哈根辦公室，他們那裡有一整間的冰淇淋和各式各樣的原料讓小朋友自由取用，請小朋友發揮想像力，看看有什麼新想法來做冷凍食品。小朋友的想法很多都很怪異，包括像牛一樣造型的冰淇淋。後來，關鍵的時刻到了，一位幼稚園的小朋友問：「你們為什麼不把冷凍果膠做在棒子上？」

丹尼斯克的食品專家馬上抓住這個點子進行開發。他們的科技人員不用普通的明膠配方，而是採用天然豆類加上安定劑調製出獨特的配方。即使找出配方了，但這個特殊的冷凍果膠還要有精密的製作過程，先把食材加熱，再急速冷凍。他們找義大利專業的小型冰淇淋製造廠來開發原型，幫他們添加天然調味料以求完美。

新的果膠球頗讓人意外。更精確的說，這產品沒有其他冰品的缺點。不會滴。因此，丹尼斯克的行銷人員把這個果膠球定名為「不會滴的棒棒糖」，並很快就獲得消費者和歐洲報紙的注意。我喜歡這家食品業巨人的想法：他們夠謙虛，也夠聰明，知道向小朋友請益以開發新甜食；把一部分的原型開發工作交給義大利專業的小型冰淇淋廠來做，以減輕工作負擔；做各種嘗試以找出更好的構想，不墨守成規；而且，整個開發過程說不定還非常有趣。

讓他們去破解吧

事實上，小朋友經常做出一些父母或企業所放棄不做的事。

例如，SMS，或稱簡訊服務（Short Message Service）已經出來十多年了。簡訊服務是行動電話上的文字訊息系統，設計很粗糙，最初只是作為內部維修之用。當時，行動電話公司「知道」，這沒辦法當成一種服務來賣錢。簡訊服務在使用上非常艱澀而且麻煩，只能做為網路技術人員尋找故障問題的工具。

後來無孔不入的駭客發現了簡訊服務。他們發明了一套自己的代碼來發簡訊。時髦的青少年也跟上來，沒多久就發展成全新的手機詞彙，例如「C U L8er」代表「See you later」（待會兒見）。這玩意兒的吸引力有一部分是因為大人完全搞不懂。事實上甚至連電話公司一開始也不知道該如何對簡訊收費，因為這項技術不在他們的業務範圍內。

當時全世界的手機大廠只覺得簡訊服務不可能成為主流。當然，這也是這股熱潮一發不可收拾的原因之一。孩子們迷簡訊就像他們過去迷無線對講機一樣。突然間，簡訊服務非常受歡迎，就像潮流一般，吸引了各個年齡層的人，成為主流市場。

那麼，誰才是這項服務的實驗家，開發原型，並且創造出全球億萬商

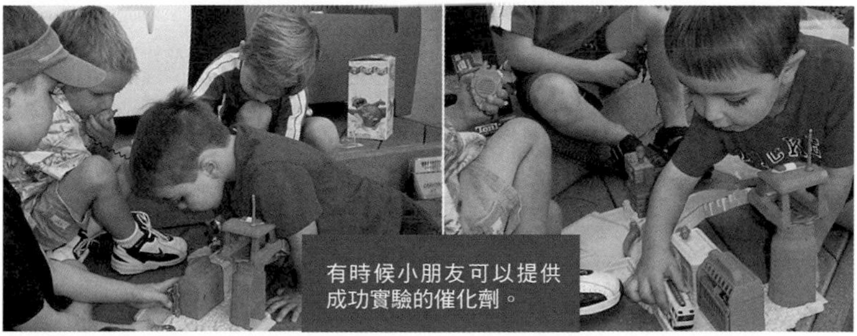

有時候小朋友可以提供成功實驗的催化劑。

> **那麼，誰才是這項服務的實驗家，開發原型，並且創造出全球億萬商機的業務呢？駭客和青少年。**

機的業務呢？駭客和青少年。

維京行動通訊（Virgin Mobile）並沒有忘掉這個教訓。他們把同樣的敏感度用在更高年齡層上，目標是十多歲和二十多歲的年輕人。根據《紐約時報》最近的報導，維京公司在開發過程中引進了年輕客戶。維京公司找了二千多位的年輕人加入開發計劃，稱他們為維京內部人（Virgin Insiders），詢問他們認為V7這款閃光燈手機是白色好還是紅色好。結果二種他們都不喜歡，反而比較喜歡藍色加銀色內框。維京採用了年輕人的選擇。其次，他們讓一部分的維京內部人去玩手機原型，結果發現這些小孩子對上傳照片到部落格的興趣，遠大於在手機上整理相本。所以手機上的相本功能就取消了，取而代之的是便捷的上傳功能。

青少年、少年、大孩子，隨你怎麼叫。也許他們並不是你的員工，也不是你的業務對象。有時候他們還會讓你抓狂。但仔細聽好，他們也許能夠刺激你，讓你想出原本你永遠都想不到的產品或服務。

生活就是實驗

把生活當成一個大實驗，你就能建立持續學習的架構。而擁有學習組織就是創新文化的一部分。實驗家幫助組織常保鮮活，並且願意去冒經過評估的風險。如果你去探究各種偉大發明的過程，很可能會發現，那正是實驗家的足跡。當然，少數幸運兒在樹下休息，讓蘋果打到就能靈光一閃成就非凡，但對其他人而言，要有所突破，實驗才是最好的方法。所以，別在起跑線上發愣、空想整個比賽過程。要動起來，拿些東西試試。這一路上，也許，你就找到了贏的方法。

3 異花授粉者

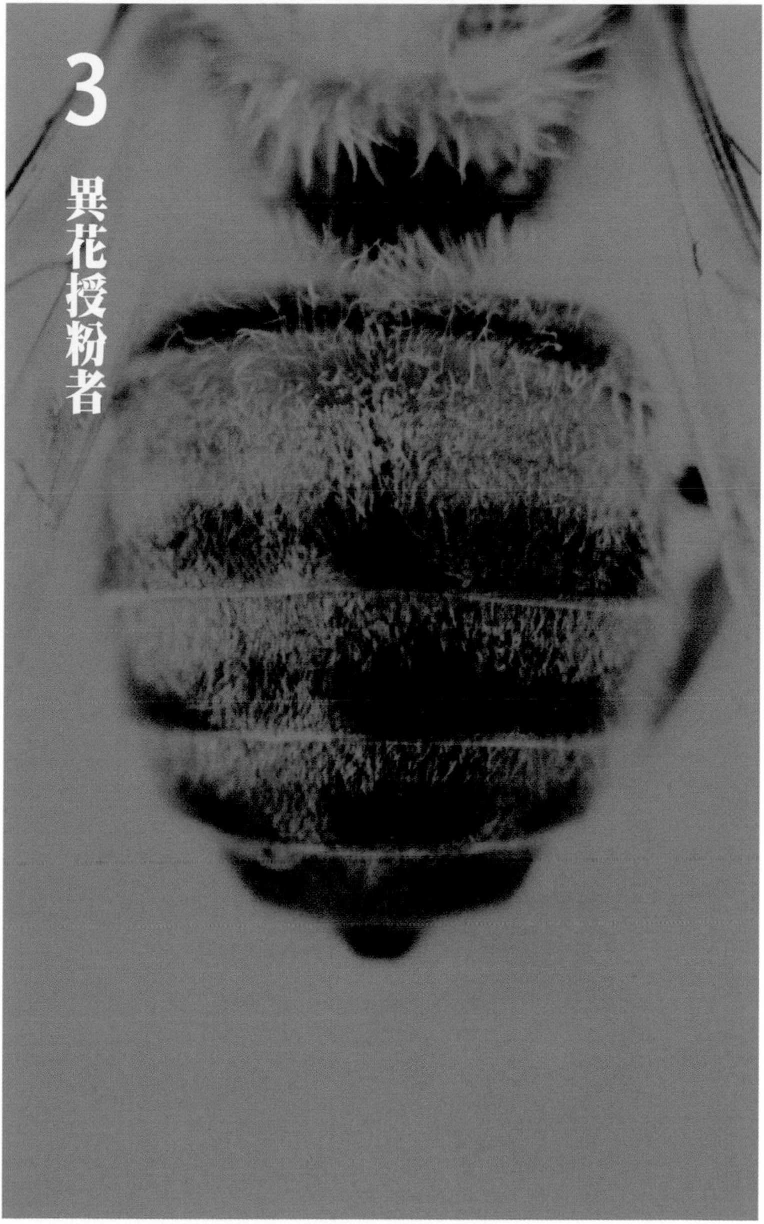

偶爾離開大家常走的路，鑽到林子裡去吧。
這樣做，你每次都一定會發現一些前所未見的東西。
——亞歷山大．格雷翰．貝爾(Alexander Graham Bell)

異花授粉很神奇——促成異花授粉的人，也很神奇。

異花授粉者能夠把一些看似毫不相干的構想或觀念隨意地並列在一起，從而創造出更新、更好的事物。他們經常從某一個領域或產業中，找出聰明的解決辦法，並加以創新，進而成功地應用到另一個領域或產業上。例如，異花授粉者把音樂領域中鋼琴鍵盤的構想，轉植到商業界，創造出早期的手動打字機，後來才一步步逐漸發展成我們現在所用的電子鍵盤。而鋼筋混凝土最早是由一名法國園丁發明的，用來強化花盆，但土木工程師卻全盤接收，用來建造巨大的水壩和公路系統，建築師則把園丁的應用觀念做進一步延伸，設計出優雅的建築結構，從美國的落水山莊（Fallingwater）到雪梨歌劇院（Sydney Opera House）。電腦先鋒從織布機上用來編織複雜花色的打孔卡片系統，想出了ＩＢＭ電腦的打孔卡（有人認為，甚至連數位電腦本身的構想也和此有關）。電扶梯的觀念發源於原始柯尼島（Coney Island）上的騎乘遊戲，如今已發展成億萬規模的產業。很多飛盤（Frisbee）玩家還不知道這隨處可見的飛行玩具，其基本造型，甚至連名稱都來自於飛士比烘焙公司（Frisbie Baking

烘焙世界裡的派餅烤盤經過異花授粉，成為風靡全球的飛盤。

Company）烤派餅用的金屬盤，一個世紀以前，長春藤連盟的大學生拿來丟著玩。

好奇心和開放的觀念在歷史上激發出許許多多的異花授粉機會。例如，食品先鋒，克拉倫斯·伯宰（Clarence Birdseye）一九一五年到加拿大做皮草生意時，注意到他的因紐特族（Inuit）嚮導把魚放在寒冷的戶外冷凍，可以保持好幾個月還很新鮮。伯宰把原住民野外生活文化上的簡單技巧，和他的現代居住文明做異花授粉，創造了冷凍食品王國，這家公司至今仍以他的名字命名。

萊特兄弟，奧維爾（Orville）和韋爾伯（Willbur）二人把腳踏車初期產業所使用的原料和機制拿來異花授粉，建造出他們第一架動力飛行器。一百多年後的今天，腳踏車業和航空業之間，仍然經常有異花授粉行為，但方向則完全相反，因為高性能的航太工業材料，諸如鈦和碳纖等已經用在最先進的腳踏車上，讓車身輕巧堅固。創新史上，最偉大的異花授粉者，也是文藝復興完人（Renaissance man）的代表人物，就是達文西（他是畫家、建築師、工程師、數學家，和哲學家），他融合多方面的才華，為人類留下了豐富而卓越的遺產。

在企業界，如果你知道怎麼看，就可以發現很多人正扮演著異花授粉者的角色。他們是專案計劃的成員，能夠把實驗室裡艱澀難懂的科技專有名詞，轉譯為人人能懂的生動觀念。他們是為了生意和娛樂而四處旅遊的旅者，回來時，不只是分享他們的所見所聞，還有他們的學習成果。他們是飢渴的讀者，貪婪地從書本、雜誌，和網路資源吸收各種知識，以保持自己和團隊不會與流行趨勢和話題脫節。他們學識豐富，常悠遊於各種興趣之間，讓他們具備必要的經驗，能夠從某個領域對某個問題的解法中得到啟發，進而應用在全新的環境上。他們常記下自己的看法以累積經驗並傳授他人。他們作筆記很用心，把看法記錄在筆記本裡或電子工具上。異花授粉者具有跨領域的背景，能夠把各種不同的能力和興趣融會貫通，產生獨到的見解。

內部和外部異花授粉

大部分我所接觸過的公司，雖然要實際上打破部門間的隔閡很困難，卻常常提到跨部門異花授粉和「打破部門藩籬」。消費性商品巨人寶鹼公司，最近在執行長雷富禮（A. G. Lafley）上台後，似乎對他們團隊的異花授粉者，重新加以鼓勵。他們不只是從企業外部引進好構想加以運用（這種產品很多，從常見的速易潔〔Swiffer〕除塵刷到有趣好玩的電動牙刷〔Spinbrush〕），他們也在公司內原本壁壘分明的各單位之間，進行異花授粉。例如，他們把洗衣事業的安全潔白劑和口腔衛生上的高度專業相結合，為他們的口腔照護部門創造出佳潔士美白貼片（Crest Whitestrips）——現在每年有二億美元的營業額。他們結合PUR淨水部門和小瀑布（Cascade）洗碗精在去污上的經驗，創造出洗後「無污垢」的清潔先生汽車清洗系統（Mr. Clean AutoDry）。我們還可以舉出好幾十個例子（包括已上市和開發中的產品），說明寶鹼靈活地結合了不同部門的科技和觀念。寶鹼異花授粉的成效，不只是表現在你家附近超級市場的貨架上而已，還表現在股價上，這幾年，股價已經漲了一倍。

異花授粉者會去探索乍看之下似乎和眼前問題沒什麼相關的世界，以激發出新構想。彼德．考夫蘭和我們的改造小組，經常刻意要求客戶向外界進行異花授粉以尋求刺激，進而找到新的服務方向。他會帶著客戶去拜訪和其本行差距頗大的產業，觀察類似的作業。例如，我們有一家客戶認為他們的產業在傳統規範的束縛下，幾乎沒有什麼創新的空間，於是我們帶他們去參觀一家企業化的殯葬業者。客戶見到創新竟能橫掃這個死亡產業（請原諒我用雙關語），不禁感到非常震驚而躍躍欲試——他們看到各種創新，從運用大螢幕讓遺族觀看虛擬棺材到把心愛死者的骨灰化為美麗鑽石。我們有一個專案，協助客戶有效運用醫院的六百張病床，在此案中，我們帶著客戶到新英格蘭去參觀一家很小的附早餐旅館，我們發現那裡的女服務生，二人一組，清理客房時，比一個人單獨做還要有趣，而且還可以相互檢查工作狀況。這個看法讓他們想到把醫院中個人式的清潔人員換成高效率的清潔小組。類似的情形，還有另一家醫院，在參觀了經營很好的計程車派遣站之後得到靈感，以合理化的方法，在廣大院區中用輪椅和活動病床來接送病患。

異花授粉者的種子

一部IDEO史，本身就是個異花授粉者的故事。二十多年前我加入成立沒多久的IDEO，我們工作的地方三三兩兩地放著機械工具、實體原型，和一些生產事業的加工品。我從來就沒想過，有一天我們竟能接到無實體的業務，像是改善卡夫食品（Kraft）的供應鍊，或是以更有效的排班制度來協助凱瑟恆健醫院（Kaiser Permanente）的護士。但這麼多年下來，我們已經懂得從產品創新上所學到的「設計思維」法，運用在服務、體驗，甚至於文化的世界裡。一開始我們就很努力地培育異花授粉者這個角色，試圖把激勵異花授粉繁榮興盛的重要元素集結起來。我在下面列出異花授粉食譜的七項「神祕成分」，當然，現在這些成分是一點兒也不神祕了。而且，對全世界任何一家想要提升異花授粉水準，同時也願意試試看的公司而言，這些成分全都派得上用場。

1分享秀（Show-and-tell）。每當IDEO各小組齊聚一堂，我們就會去享受痛快的「分享秀」活動。公司剛成立時，星期一早上，全公司的人都坐在我哥哥辦公室的地板上開會，分享各種新鮮的看法和新科技。公司現在已經比那時候大了不少（但大衛的辦公室卻變小一點），所以，分享秀就只能在比較小的設計小組內以面對面的方式來進行，或是公司全體同仁，透過電子郵件或內部網路分享系統等電子工具來實施。「IDEO技術箱」是一種收集和分享所知的系統方法，收集了數百種發展完備的科技，以便將來可以運用在我們的工作上。分享秀有一部分的重點在於意外發現，我們經常在意外中得到成果，因此，並不一定要和公司當前的案子有關。但所談的一定是最新發明或是最新應用，是公司保持工作方法不會落伍的來源。

2聘請許多不同背景的人。我們從不認為招募工作只是增加人數或引進「大同小異」的人。如果徵人只是去招「另一個像張三的工程師」，那麼，面試過程就成了簡單的型態確認工作。我們希望能在各種不同的應用領域裡挑選人才，尋找能夠擴展人才庫或是增加公司能力的人。

3利用空間進行融合工作。我們將會在「舞台設計師」這章中說明，公司的實體工作空間，能夠成為推動策略的有力工具。如果你想在某一學科裡強調團結功能，那麼，把公司中相同想法的人放在

> **不論你來自哪個國家，也不論你有多愛國，我希望你能夠接受，在你國家以外的地方，有著更多的新構想。**

同一樓層，或是同一棟建築，就有道理，但是，在ＩＤＥＯ，我們相信異花授粉的神奇功能，因而，我們在空間運用上，也遵循這個想法。我們設了不少間「多學科專案室」，把豐富的空間留給不同群組的人，讓他們能夠有許多「意外」或「即興」的會議。我們甚至還刻意把樓梯間設計得大一點，好讓大家真的可以「在半路上相會」。

4跨文化和跨地理區域。ＩＤＥＯ喜歡文化熔爐，用各國不同的風味慢慢混合，加以調味。不論你來自哪個國家，也不論你有多愛國，我希望你能夠接受，在你國家以外的地方，有著更多的新構想。引進新見解一直是非常有價值的事。我現在已經搞不清楚我們公司裡的員工來自多少個國家，但幾年前我們的波士頓辦公室（純粹只是好玩），替他們小組成員的國家升上國旗。我上次去看時，一共升了十八面旗，對一個四十人辦公室來說，這紀錄可不容易啊。而外國員工經過好好地融合之後，似乎就能自然發揮不同文化的異花授粉作用。

5每週舉辦「實務知識」（Know How）講座邀請外賓演講。幾乎每週四晚上我們都會找世界級的思想人物來這裡和我們分享其思想。不只是演講人的見解神奇奧妙而已（瑪爾坎・葛拉威爾〔Malcolm Gladwell〕談倉促判斷〔snap judgments〕、霍華・萊格〔Howard Rheingold〕談智慧暴民〔smart mobs〕、傑夫・霍金斯〔Jeff Hawkins〕談人腦的運作方式），IDEO人，親自見識到演講人現身說法之後所激起的一波波討論和迴響，更是引人入勝。「實務知識」講座每週激發一次異花授粉，讓大家的思想（和談吐）常保新鮮。

6向參訪者學習。我在IDEO裡的工作，有機會接觸到各行各業有趣的客戶，他們每年都會源源不絕、長途跋涉到這裡來拜訪我們。他們大多數都是潛在客戶，通常會花幾小時把他們的產業、公司，和見解告訴我們。這些年來，我已經參加過上千次這種會議，我認為，這是畢業後教育的一環。每次參訪會議結束後，我都會覺得吸收到一點點更新的訊息，也更接近潮流趨勢一點點——而且，我敢說，在經驗上也比以前更有智慧一點點。

7向外尋求不同的專案。有一句俗話說，四十年的工作經驗有時候是指同樣的一年，重複了四十次。IDEO可不是這樣，其他任何講求持續學習文化的公司都不是這樣。我們客戶的業務範圍非常廣（橫跨數十種產業），這表示我們可以在不同的領域裡進行異花授粉。

建立異花授粉的溫室並不需要高科技。這些個別元素也不會特別難做。但把這些元素組合起來（配合公司社會生態上的百來個小細節），就可以讓你進行異花授粉，從各種事物上獲得好處，包括團隊士氣和競爭優勢。

結合各種構想

異花授粉者不只是好學生而已。他們也是好老師，幫忙傳播知識和想法。ＩＤＥＯ離職員工海蒂．索沃懷（Haydi Sowerwine）和她先生大衛（David）把前半輩子花在矽谷，收集知識和吸收文化。如今，他們已經花了十年的時間，把ＩＤＥＯ風格的設計觀念移植到尼泊爾農村。他們的公司叫做生態系統公司（Ecosystems），設在加德滿都，他們在危險的尼泊爾河流上，建造了數十座纜車式的鋼索橋（成本只有一般吊橋的一小部分而已），協助數千名學童上學，也讓村民能夠安全地到市場做買賣。最近海蒂和大衛的作品，因為開發技術造福人群而獲得技術博物館（Tech Museum）頒獎，而且，他們的影響力正不斷地擴大。

異花授粉者保有小孩的天真能力，可以看到一般人看不出來的型態，並且掌握到重要的差異。但他們也磨練出一套相當成熟的技能，以面對新環境裡的微妙差異。他們通常以象徵法作思考，故能

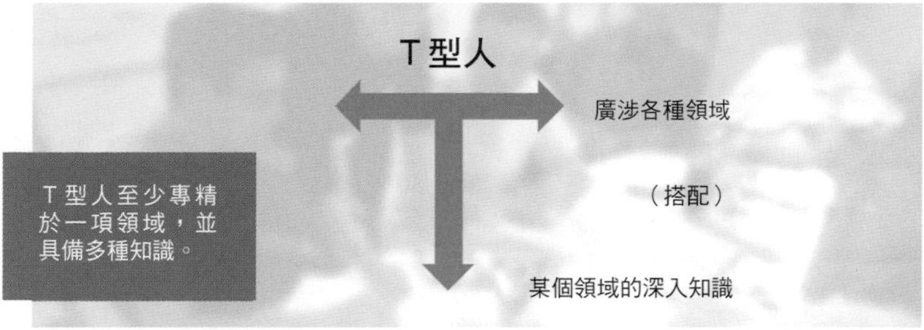
T型人
廣涉各種領域
（搭配）
某個領域的深入知識
T型人至少專精於一項領域，並具備多種知識。

看到別人所錯過的關聯性。他們像媒人一樣創造特殊組合，通常可以激發出創新的子代。異花授粉經常從不尋常的角度切入問題。他們有時候會用「消去法」——在尋求解決方案時，把某些公認的標準或基礎元素去掉。

異花授粉者所醉心的是超越眼前挑戰，因此，不論是過去或未來，都是他們很好的構想來源。他們像歷史系的學生一樣，尋找超越他們時代的觀念，或是能夠再度流行的觀念。另一方面，他們也會在科幻小說裡尋找沃土，讓想像中的未來，也能成為今日企業的一大機會。

在ＩＤＥＯ，我們發現某些最有價值的異花授粉者就是我們所謂的「T型人」。也就是說，他們廣泛涉獵多種領域的知識，同時，他們也至少具備某一項領域的專長。我長期和T型人相處的心得是，千萬不要對他們妄下結論。當你聽到有人開始提出假設時，總會覺得相當吸引人；但是，如果你和T型人在一起，你可能還會對接下來所發現的種種事物，感到驚訝不已。最後，他們不會受制於簡單的分類方式，但你千萬不要對此感到困擾。如果

我長期和T型人相處的心得是，千萬不要對他們妄下結論。

你要找異花授粉者，就幫團隊找幾位T型人吧。

ＩＤＥＯ充滿了T型人，從下列數點可以很快地瞭解我的意思：

○ＩＤＥＯ舊金山辦公室的克里斯丁．辛沙里安（Kristian Simsarian）大學學的是電腦工程，研究機器人感知系統，在英國愛丁堡大學著名的人工智慧學系待過一陣子，在那裡，他自己規劃自己的課程，橫跨民族誌和工程等學科。後來他搬到瑞典攻讀博士，同時為歐洲教師建造數位講課工具。克里斯丁從他在斯德哥爾摩的工作室開始，組成即興創新小組，而且，即興法一直是他形成構想的工具，直到現今，在ＩＤＥＯ工作也是一樣。他是個「一人多學科」小組，專精於人類學和電腦科學二項領域，基於興趣，廣泛涉獵「學習過程」和流暢的自由風語言即興創作。

○莎嬪．福格勒（Sabine Voegler）融合了德國父親、巴西母親，和加州生活三種文化的影響。她曾經在全世界三大洲居住過，現在則任職於ＩＤＥＯ慕尼黑辦公室，在那裡，她以特有的混合世界觀服務客戶，績效卓著。

○歐文．羅傑斯（Owen Rogers）是我們ＩＤＥＯ體驗群裡雄心萬丈的異花授粉者，他說他曾經做過機械黑手、石匠，和電台主持人，「靠著一張嘴」，進了崇高的倫敦皇家藝術學院。他在處理創新和品牌建立專案上，有相當深厚的專業基礎，但對汽車機械世界還是保有一貫的興趣，因此，他最近就爭取加入一個汽車工具的案子。

◯IDEO的卡菈·強生（Kara Johnson）是一位典型的T型人，她在材料科學上有深厚的專業基礎，除了具備史丹佛大學碩士和劍橋大學博士學位之外，還寫了一本這方面非常不錯的書。看了這個資歷，恐怕你會認為她是單一專長的人，然而，她還對設計方面有著廣泛的興趣，她在密西根有名的克蘭布魯克藝術學院（Cranbrook Academy）修習雕塑和陶藝。卡菈在IDEO的第一年就參與了五十多件案子，告訴我們可以選擇許多過去未曾想過的新材料。她在公司裡激起了一股材料熱，鼓勵大家考慮其他的耐用材料。

並非所有的異花授粉者都是如此的多才多藝，但優秀的異花授粉者，當他們從外界引進大觀念時，往往能夠對整個組織產生震撼效果。此外，異花授粉者並不一定要聰明的發明家或是產業巨擘才能勝任。即使是微小、特定範圍的見解也能夠產生顯著的差異。

小資本創新

我覺得很奇怪為什麼各地的發明家不能從草根企業家穆罕默德・巴・爾巴（Mohammed Bah Abba）的成就上得到啟示，巴・爾巴是貧窮的奈及利亞北部一位教師，具有商學學位。巴・爾巴想要在非洲的炎熱氣候下，幫大家解決食物快速腐敗的問題，但他知道，一般的冰箱對他的鄰居而言，是遙不可及的。巴・爾巴從過去的經驗異花授粉，改善了未來生活。他出生於陶壺匠家庭，因此就想辦法用黏土燒製的壺罐來研究，結果找到了神奇的方法。他把一個陶罐放進另一個陶罐裡，用潮濕的砂子填滿中間空隙，砂子所含的水分會在內罐的外壁上蒸發，而使得裡面的蔬菜得到冷卻效果。他花了二年的時間不斷改進這個黏土「冰箱」，學到了用濕布蓋在罐子上。他的冷卻器不用能源，只要定期淋濕砂子以維持蒸發作用循環不息。

以前茄子幾天就壞了，現在可以保持四倍的時間。非洲菠菜不再是一天就壞掉，放了快一星期還可食用。巴・爾巴請了許多失業的陶匠來生產這種陶罐，結果一個冷卻器成本只要三十美分。今天，這個簡單而聰明的發明，改善了數以千計奈及利亞村民的生活。

這個故事的原理讓我們肅然起敬。有時候，缺乏資源和工具，事後往往證明這正是激發你尋求新方法的因素。這不只是「需要為發明之母」。資源稀少條件惡劣會迫使你去尋求突破，因為「普通的生意手法」一定是幫不上忙的。矽谷許多公司從車庫發跡的傳奇故事基本上也是同樣的道理。他們缺乏資金和員工，所以必須善用資源。

艾米．史密斯（Amy Smith）是麻省理工學院的講師，向大家展示創新者如何把資源限制轉化為機會。史密斯是如何讓這些養尊處優的新英格蘭大學生為生活瑣事煩心，想一些廉價的創新概念呢？她在學期中要求學生在劍橋地區每天用二十美元的經費過生活一個禮拜。除了勒緊褲帶挨餓之外，學生很快就知道，在大多數情形下，他們必須創新才能用這麼少的錢過日子。史密斯的課程後來成了許多新構想的催化劑，諸如用來掃除辛巴威地雷的低成本工具；用普雷特（Playtex）嬰兒奶瓶改製的水質檢測器，成本只要二十美元而不用六百美元的傳統套件；用甘蔗廢渣製成木炭燃料等。

艾米．史密斯在麻省理工學院的課程讓我不禁在想，究竟我們企業界，因為把資源視為理所當然而錯失了多少機會。要創造新的東西，你就必須先拿掉一些東西。例如ＭＴＶ業者做了所謂的「剝奪研究」，請他們觀賞ＭＴＶ的常客斷然戒掉觀看習慣，在三十天當中完全不看ＭＴＶ，看看他們會想出什麼聰明的方法來代替ＭＴＶ。你自己也做一下資源稀少測試吧。花一天的時間不用任何科技來產生新構想或是做概念交流。用一個下午做沒有傳統工具的原型。如同詩人講究對仗和音律，偉大的異花授粉者尋求限制條件。下次當你的構想看起來了無新意時，要求你的開發小組用一些便宜的東西想些新點子吧。這可是個偉大的創新練習。

提升你的流暢性

異花授粉者和語言學家很像，對知識有著一份自信，通曉的語言越多，在學習另一種語言時就越容易上手。這就是異花授粉的祕訣。各種多元而有趣的案子，能夠為創新文化之火提供燃料。給你的團隊更大的變化空間，他們就會開始看出新關聯的大致輪廓，讓想像力有新的躍進。

例如，不久之前我們接到一個案子，要重新設計一所知名大學的資訊中心大樓。最直接的方法就是比較各個大學的電腦中心，從中找到方向。我們放棄了這種傳統模式，反而把我們的設計小組拉到位於ＩＤＥＯ舊金山辦公室對岸的皮克斯動畫工作室去參觀。當然，皮克斯有很多電腦，但其他的東西則和一般大學（甚或公司）的實驗室完全不同。他們強調技術合作和人力資源。有獨立的工作群或是「鄰居」。甚至還有美食。皮克斯就像經過整編和電子化的都市村落，和大學實驗室形成鮮明對比。

異花授粉是雙向的。如果大學可以向皮克斯這樣的企業學習，那麼，企業能向史丹佛或哈佛大學學到哪些東西呢?我認為，如果他們能夠到校園走走，看看和他們領域有關的構想或觀念，他們可以學到非常多。心胸開放是異花授粉的重點。你越能接受不同的方法，就越能對公司想出有價值的東西。

背滾式跳高

異花授粉者有時候會倒過來處理問題。創意名家愛德華・波諾（Edward de Bono）稱之為「水平思考」——從完全不同的角度看問題。有時候你真的必須偷偷地從一個新方向看老問題。不要從正面去挑戰困難，喔，你可以從背後進攻。

「背向」創新，對我來說，最佳視覺上的比喻就是一種稱為「背滾式」的跳高技巧。在一九六〇年代，有一位名叫迪克・佛斯貝里（Dick Fosbury）的小孩，他是奧勒崗州麥德福特（Medford）地區高中裡最不起眼的田徑選手。佛斯貝里喜歡用他所熟悉的「剪刀式」跳法，有時候你在網球場上看到獲勝的選手跳過網子，就是這種方式。剪刀式跳法用在網球場上沒問題，但他的教練知道在跳高時，他必須採用更有效率的跳法才能進步，而當時流行的俯臥式跳法（又稱為腹滾式）是前腳抬起來，跟著小腿、大腿、肚子，和頭部一一翻過柵欄，最後後腳才過欄。佛斯貝里照著教練的教法去跳，成績卻比平均水準還差，從來就沒跳過五呎四吋。但是他十六歲時在一次比賽中，又開始用剪刀式跳法了，這違反傳統的想法，要成功很難。接著，出人意表的事情發生了。當高度逐漸升高時，「我的姿勢開始有點像是橫躺了。」他回憶道：「沒多久，我的背部就變成平的了。」佛斯貝里並不是「翻」過去的，而是整個人幾乎呈往後倒的方式跳過去的——而且還跳過了五呎十吋，刷新他自己的紀錄。

迪克·佛斯貝里獨創的新「翻滾」法，讓他贏得奧運金牌。

一九六五年佛斯貝里畢業那年的夏季，他開始練習那個註冊商標的「跳法」——大步跨起縱身一躍，然後，在最後一刻，扭動背部和欄杆平行，跳起來像是翻了半個筋斗——肩膀先過，接著膝蓋，最後雙腳同時過欄，以肩著地，臉部朝上。那年夏天，他跳過六呎七吋，並贏得全國青少年組冠軍。到了大學，他的教練又要來調整他的姿勢，結果徒勞無功——他用腹滾式跳法從來沒超過五呎十吋。幸好，他的教練放棄了要他「三級跳」的想法。

當然，佛斯貝里還是繼續跳——而且還一路跳到奧林匹克運動會。一九六八年夏季墨西哥奧運會，每次他起跳時（倒過來跳），看台上所有八萬名觀眾似乎都會鴉雀無聲。我記得當時我和父親一起看電視上的奧運轉播，父親說：「你看到了嗎!?這傢伙在跳時你注意看。他的動作最奇怪。」和許多的突破一樣，你第一次看到佛斯貝里的跳法時會覺得很奇怪。真的很奇怪。

專家說佛斯貝里會跌斷他的頸部。他不僅沒跌斷頸部還以七呎四又四分之一吋打破了美國和奧運紀錄，贏得金牌。佛斯貝里的新跳法花了差不多十年才普遍被運動菁英所接受，但最後，全世界的奧運跳高選手還是都採取了背滾式跳法。不可思議的是，佛斯貝里在一九六〇年代中期所發明的跳法（從另一種跳法開始，經過不斷嘗試錯誤修正而演化出來的跳法），到今天還是效率最好的跳高方法。他那種先進的跳法可以用更快的速度起跳，不用像腹滾式那樣的減速。數十年後，專家們出版生物機械研究報告，證明背滾式跳法具備優秀的「角動量」和「筋斗旋轉」。

我們今天回過頭來看，老式的腹滾式跳法是一種過時的技術。必須由佛斯貝里這樣的獨立思考人物去帶動真正的新方法。但佛斯貝里也不是一跳就跳出新方法。突破，就發明的方法論上來說，並不是驚呼「我發現了」就可以平步青雲。他所實驗的方法是大家公認錯誤的方法，雖然自己不斷地調整修正，還是不能確定是邁向成功之路或是走進死胡同。佛斯貝里的情形和企業界許多新發明一樣，一開始大家都對他說他的方法會死得很慘。

我找不到更好的方法來鼓勵對創新有興趣的人了。下次如果有人對你說，從來就沒人這樣做過，或是說你瘋了，你就問他，有沒有聽過佛斯貝里的故事。

異花授粉者保持開放的心胸。他們知道，成功

和許多的突破一樣，你第一次看到佛斯貝里的跳法時會覺得很奇怪。真的很奇怪。

也許就來自看起來最不可能的方向。

種子發芽

異花授粉從人開始：這些人有著無窮的好奇心和特殊的專長，可以擴增你面對挑戰時的能力。有些人可能會發現，我們的最佳異花授粉者，履歷表非常嚇人，甚至可以說是古怪極了。在IDEO，我們已經發現幾個異花授粉者的最佳來源。當然，我們總是依靠校園裡逐年培養出來的各方面人才，但個人的好奇心仍然是我們的重點。然而，我們最近還從「回鍋」員工身上，找到了另一種異花授粉者來源——曾經在我們這裡工作過的人才，離職後到其他地方歷練，獲得不少的經驗，再回到我們這裡來。

史丹佛產品設計系畢業的巴布．亞當斯（Bob Adams）就是這麼一位回鍋的異花授粉者。十多年前，巴布在加入IDEO前身公司之前，曾經在印度的惠普公司（Hewlett-Packard）工作過二年。幾年之後，巴布離開IDEO，去當爵士樂團的貝斯手，得到了不少和喬．派斯（Joe Pass）、里奇．柯（Richie Cole），和史坦．蓋茲（Stan Getz）等名人同台演奏的機會。同時，他長期為一家矽谷的智庫工作，探討音樂控制器如何改善數位介面的問題。他還會自己製造電子樂器，並到史丹佛開課，也曾經短期到倫敦皇家藝術學院教書。在這段期間當中，巴布還騰出時間到加州大學戴維斯分校（University of California at Davis）修到了葡萄栽培碩士，因而發現自己有足夠的精力和動力到沙加緬度谷（Sacramento Valley）買一小塊農地來耕種。他稱自己為「假日農夫」，但這個詞還不足以形容他在農事上的投入情形。巴布會操作耕耘機和其他重機具來種植小麥、番茄、橄欖、桃子，和油桃。他的葡萄園生產著名的金粉黛葡萄酒（Zinfancel）。他享受著二十一世紀最稀有的樂趣——有機會坐下來吃全由自己種出來的食物。

巴布大約是在一年前加入我們公司的舊金山辦公室，而且他已經為新案子帶來細密的眼光。巴布相當重視持久性，而且也似乎很協調地在我們的業務上引進了持久性的作法。巴布不只是在這個議題上埋首努力，和這個領域的思想領袖交流而已，他還擁有最具持久模式的經驗——農場經驗。他親身體驗到，以有機方式來經營農場是多麼地困難，也知道為什麼農夫要用殺蟲劑和肥料。這個經驗基礎，可以讓他的方法在業界更為成功。

每家公司都可以晉用優秀的異花授粉者來讓企業文化活起來，並且讓他們的工作充滿新鮮的想法和感受。也許你會覺得他們的經歷讓人退避三舍，但不妨給他們機會去追尋肥沃的土壤，結果不會讓你失望的。

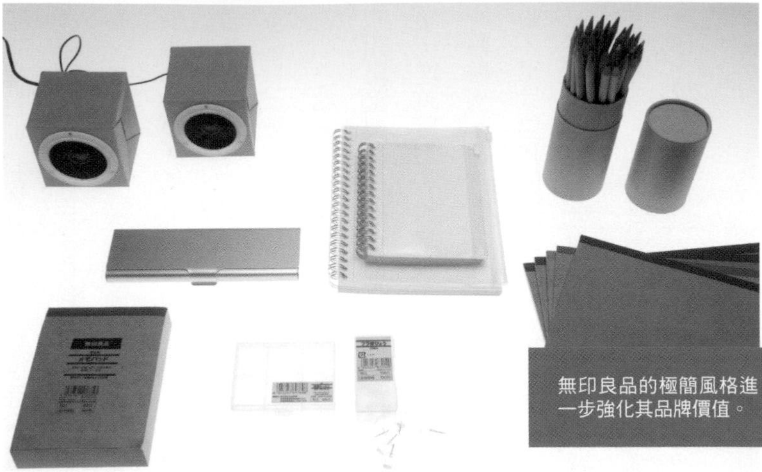

無印良品的極簡風格進一步強化其品牌價值。

從翻譯中發現

對那些抱怨他們的產業沒有新東西的人，我會建議他們搭飛機到世界各地去看看。經常到各處去旅遊是成為一名更優秀異花授粉者最有效的方法。有時候，最直接的創新方法就是到國外去看，並把你所發現的事物翻譯出來。

我在東京（這座城市的零售環境非常迷人），最喜歡逛的地方是一家名叫「無印良品」的店，一般人可能比較熟悉「Muji」這個暱稱。這個名字的意思大約是「沒有品牌的好東西」。我原先以為這家店是日本特有的產物。結果，卻發現這家很特別的零售連鎖店，構想來自美國，而且是從翻譯中得到靈感。當年，一九七〇年代左右，西友這家廉價百貨連鎖企業想要打造自己新的「店家品牌」，他們派出設計人員到遠方取經，尋求新構想。其中一組人到美國找答案。在旅途中，有一位名叫小池和子的組員（她後來成為知名的藝術作家），到美國的超級市場裡尋找特殊的啤酒罐，想要帶回日本送給收集罐子的朋友。她無意間發現一種簡單、「沒有牌子」的啤酒，這是一系列刻意做成無品牌的商品之一，商品上只有呆板的黑白標籤，當時很流行。

她很喜歡那種簡單的圖案和簡樸的設計，於是把這個想法帶回西友研究，並把這個美國觀念翻譯成「無印良品」，一種刻意低調的日本設計風格。西友的服飾和家居商品採用簡單的材料，像是不上漆的鋁；而在包裝上則採極簡風格，用未經漂白的紙；他們所用的色系只限於黑、白、棕、灰。結果，「沒有牌子」的無印良品非常成功，幾年之後，西友就推出了無印良品專賣店，從東京最流行的青山區開始。今天，無印良品有將近三百家店，遍及全球，從札幌到倫敦，營業額將近十億美元。

這就是異花授粉的核心。對願意去旅遊、去想像的人來說，這是個豐富的構想來源。無印良品能夠從一個簡單的美國想法轉化成日本知名的成功典範。有多少構想在那邊等著你去取用呢？美國的醫療院所能夠從國際的特殊典範，像是亞拉文眼科醫院（Aravind Eye Hospital）學到什麼嗎？這家醫院位於印度的馬度賴（Madurai），做了一百萬次的白內障手術，平均一次大約只要十美元。有哪些地方上的熱門食物，像是巴西的愛莎依（acai）莓或日本的毛豆，能夠成功地銷售到整個全球市場呢？遠方或異國文化中，有哪些觀念是你能夠想辦法加以翻譯、塑造，或調整，成為你自己的特色呢？有機會就到各處去旅遊吧。行遍天下以尋概念。重新研究亞洲、歐洲，或是美洲當地的事物，你很可能就挖到寶了。

反向教導

「再大的樹也是從一粒種子開始」這句諺語雖然沒錯，但如果你悶在「種子」裡的日子太久了，進度不如預期該怎麼辦？如何才能讓你不斷成長繁盛呢？我們一旦擁有某項技藝或專業，教導學徒或門生就成了司空見慣的事。但是當你樹幹上的年輪已經密密麻麻的時候，你就要考慮反面的做法。有時候，經理人真正需要的是一位年輕一輩的導師，請他們提供資訊和想法。

我所認識的聰明人，都具備我那位史丹佛教授朋友，巴布・塞頓所說的「明智的態度」：當你在正常航道時，有足夠的知識去感知環境；當你需要別人幫你導航時，則要夠謙遜。根據我們在ＩＤＥＯ的經驗，我們發現，即使當你的經驗告訴你必須維持傳統看法時，對新方法採取開放態度也會有所助益。反向教導能夠幫你把公司過度依賴自己經驗的自然趨勢扭轉回來。不妨考慮一下，找幾個年輕導師，請他們針對今日世界所發生之事物，提供看法和建議。

事實上，ＩＤＥＯ的克里斯・佛林柯（Chris Flink）這幾年來就是我的反向導師，雖然，我們並沒有正式以師徒相稱。每當我覺得趕不上新潮流，又覺得這潮流值得深入瞭解時，我第一個想請教的人就是他。例如，好幾年前我注意到身旁許多年輕人已經不戴手錶了。於是我問克里斯：「這是為什麼？你總是要和客戶約時間見面吧？為什麼不戴錶呢？」他的回答讓我嚇一跳。「湯姆，我要手錶幹什麼呢？我的手機上就有時間顯示了，而且還很準。我不用為了日光節約時間還要動手去調整，而且當我進入新的時區時，還會馬上自動調整。」我第一個想法是：哇！就在我不注意的時候，有些東西改變了世界。接著我又想到，如果我是天美時（Timex）的話呢？當主流客戶不再需要我的產品時，我未來的經營策略是什麼？

雖然我知道有不少的公司也瞭解，五十幾歲的高階主管可以好好的運用二十幾歲年輕人的想法和熱情，但反向教導目前還不是很普遍。我哥哥大衛幾十年前到史丹佛大學產品設計系當教授，並將此視為他精神上的家，當時，他就瞭解反向教導的價值。大衛花了很多的心血來扮演好史丹佛教授的角色，但他也在教學當中，有所收穫。因為一件事：他可以沐浴在十九歲到二十三歲聰明而主動的年輕人源源不絕的想法和熱情裡。這些聰明而年輕的腦袋，讓他可以吸收到最新的訊息，而這正是那些全心全意專注於業界的人士所缺乏的。

早在九〇年代，納普斯特（Napster）和卡薩（Kazza）等音樂分享網站上線之前，我哥哥就完全瞭解網路上的音樂下載了。電腦視訊編輯在還沒普及成為主流之前，就出現在他的課堂上。部落格、即時通訊，以及其他十多種新科技也是一樣，他課堂上的年輕人總是最初期的使用者。大衛取得了進入時尚、音樂，和電玩等各種趨勢的窗口，讓他保持和世界同步——甚至還超前。他一點一滴所吸收到的知識，重點並不完全在於文化和娛樂。幾年前大衛曾經跟我提過，他學生的態度已經從「我要如何推出新產品來賺大錢？」完全轉變為「我如何讓企業界更有社會良知？」在企業界還沒討論這個議題之前，他發現學生已經在討論了。因此，大衛學會了不只要瞭解年輕人買些什麼，還要瞭解他們在想什麼，這也是他和學生互動過程的一部分。

你能夠從反向教導中有所收穫嗎？你自己也做反向教導嗎？這項人際技巧最棒的部分是每個人都能獲益。不妨考慮開放一條新的溝通管道，改變態度放開自己，向你最年輕的員工學習吧。

大衛稱之為「雞蛋教小雞」。

捐贈的收穫

捐贈可能是最違反人性、最極端的異花授粉型式。當然，企業的目的就是賺錢。但慷慨捐贈可以為你的企業種下善因，幫你賺錢。慷慨這個特性可以讓你鶴立雞群，表現突出。我在本書最後一章會提到，知名的零售商，像耐吉城（Niketown）、蓋普（Gap）、探索頻道門市店（Discovery Channel stores），和其他的業者發現，客戶願意為了很好的原因而發心捐贈——各式各樣的原因，從耐吉幫藍斯・阿姆斯壯（Lance Armstrong）發行每只一美元的黃色手環，募集到三千三百萬美元的癌症研究基金，到亞馬遜網站推出「點擊捐款」（1-Click donations），為亞洲海嘯的難民募集到一千五百萬美元。

捐贈的善果有非常強大的啟示作用，令人吃驚。而且，你能夠把捐贈的層次提升到讓人意想不到的境界。有時候你所能採取的最佳品牌策略，似乎就是把你最寶貴的業務捐出來。在此，只要一位得到啟示的異花授粉者就可以發揮很大的作用。

你可能從未聽過尼爾斯・布林（Nils Bohlin），雖然如此，他是富豪汽車（Volvo）多年來能夠成功的重要原因。一九五〇年代，布林在瑞典飛機公司（Svenska Aeroplan）上班，他的專長是彈射椅座。一九五八年，他成為富豪汽車公司的首席安全工程師。當時，大家都認為二點式綁住膝部的安全帶最為先進，而且，美國大多數的汽車根本就還沒有安全帶。於是，花了很多年構思如何把人彈出飛機的布林，想到了一種把人固定在車子裡的新方法。他拋棄了效果比較差的二點式安全帶，引進三個固定點的肩式安全帶，今天，所有的安全帶基本

富豪汽車的發明家尼爾斯・布林創造了第一個三點式安全帶——並和全世界分享。

上還是維持這種設計。

到了一九六三年，布林的發明成為所有富豪汽車的標準配備。但對我來說，這則故事最特殊的部分是，富豪公司作了一個非比尋常，也非常勇敢的決定，他們並沒有為這項神奇發明註冊專利，從而鼓勵大家採用這項安全的設計。

這項重要的決策，加上數十年來的尖端研究和設計，讓富豪這個品牌等於安全的同義詞。布林繼續為富豪汽車從事於安全系統開發，並設計出眾所矚目的側撞防護系統（Side Impact Protection System）。四十多年後的今天，富豪的標語「珍惜生命」（For Life）反應出該公司生產全世界最安全汽車的真誠使命。

有什麼東西是你可以捐贈出來，並讓你得到優勢？

模仿大自然

那些執行異花授粉的人，也許在直覺上，會比其他的角色還要瞭解意外發現和機會的作用。異花授粉者積極地在許多人和許多點子間尋找和穿梭，變得有點像隻讓人跌破眼鏡的大黃蜂。很多人認為，大黃蜂體型笨重，翅膀看起來小而脆弱，應該飛不起來。但大黃蜂可不管這些道理，牠還是飛了起來。也許，這和許多難以瞭解的事物一樣，答案就隱藏在各部位的加總集合中。同理，異花授粉者也一樣，他們在企業界的角色，有時候看起來並不怎麼樣，他們卻能永不停息地散播創新的種子。

正如你所瞭解，從很多角度來看，異花授粉者是各種角色的集合——部分的人類學家、部分的實驗家，以及部分我們在後面會介紹到的角色。每個組織都需要異花授粉者。也許，你就和大黃蜂一樣，也是一位讓人跌破眼鏡的英雄。你有廣泛的興趣、貪婪的好奇心，以及學習和教學的天分嗎？你的團隊裡，其他人有扮演這種角色的天分嗎？也許你會發現，你的翅膀能夠振動得比你想像的還要快。異花授粉者是創新生態系統裡的基本部分。迎接這個角色吧。鼓勵別人去扮演這個角色。這能夠幫助你，讓組織成功。

4
跨欄運動員

我們決定在這十年中做些事，到月球上去，並不是因為這件事很容易，而是因為很困難，因為這個目標可以組織並考驗我們的精力和技能，因為我們願意接受這項挑戰，面對這項挑戰，我們不想拖延，我們只想獲勝。

——約翰．甘迺迪，1961/5/25

跨欄運動員以較少的資源做更多的事。他們會去試驗沒有人做過的事，並從中獲益。林白於一九二七年首次獨自飛越大西洋，贏得二萬五千美元的獎金，他的飛機從紐約飛到巴黎，卻非常克難，連收音機和降落傘都沒有。七十七年後，現代版的林白就是伯特．魯坦（Burt Rutan）和他的太空船一號（SpaceShipOne）小組，他們克服了困難度極高的障礙，把民用航空器發射到太空，並贏得一千萬美元的X大獎。

跨欄運動員知道，面對挑戰時，如果你有辦法迴避，倒不一定要正面迎戰。例如，在一八三〇年代初期，鐵路專家扮演了魔鬼代言人的角色，斬釘截鐵地宣稱火車頭不能載重爬坡，但當時具有想像力的鐵路企業家卻建造出之字形爬坡鐵道，證明專家的看法錯了。這正是跨欄運動員成功因素的最佳寫照：他們碰到前面的路太陡的時候，會再找一個新角度出發。

我們看到跨欄運動員時，絕對不會認錯，他們就是那種孜孜不倦在解決問題的人，他們克服障礙非常自然，有時候就像障礙根本就不存在似的。跨欄運動員可能是聰明的風險承受者，通常也是你團隊裡，見過世面最多的成員。規則很自然地就被打破了，因為他們知道如何巧妙地在系統外工作。跨欄運動員默默地堅持信念——特別是在面對逆境時。

大復甦

ＩＤＥＯ的「○到廿」小組吸引了很多的跨欄運動員——或是讓很多人扮演跨欄運動員這個角色。他們已經創造出許多好玩而且成功的玩具，從可以記錄飛行高度的艾斯堤斯火箭（Estes rocket），到讓你檢查對手是否在唬人的測謊遊戲機（Fib Finder）。這是個迷人的快步調事業。他們每年要嘗試好幾百個玩具觀念，幾乎是天天都在腦力激盪，並且不斷地描繪新構想，做成原型。做出熱銷玩具的機會很低，預算也很緊，時間更是不夠。他們經常挑戰極限，以致於看起來他們好像永遠處於失敗邊緣。和所有嚴肅的創新者一樣，他們也要面對迫在眉睫的危機。但他們之所以傑出是因為他們似乎永不悲觀，即使他們正走在鋼索上。

你對潛在危機的回應方式，決定了你復甦和成功的機會。跨欄運動員這個角色面對挑戰時的反應方式，從特性上來看，似乎和偉大運動員面臨激烈競爭的時候一樣。傑夫・葛蘭特（Jeff Grant）是我們「○到廿」小組的重要成員，經常表現出跨欄運動員的本領。許多年以前，有一天，他飛到紐約，準備隔天一早到一家知名的玩具公司做重要簡報。他們的飯店在曼哈頓市中心，他和同事到飯店坐下來吃晚餐的時候已經很晚了，傑夫隨手把手提式電腦打開，想看看他的簡報資料——結果當機了。作業系統無法開啟。他們沒有備份，也沒辦法把鎖在電腦裡的重要資料取出來。

已經沒時間搶救了。但這位玩具創業家可不這樣想。那時是晚上十一點，到隔天早上開會前，似乎還有很長的時間去找一套新的作業系統安裝起來。傑夫在腦子裡閃過各種可能的解決方法，他向窗外望去，瞄到街上有一家電腦店。他跳進電梯，跑到對街，但店長才剛把店關上。那位店長躲在安全門後面以保護自己，建議傑夫到博德書店（Boarders bookstore）去找找看，他立刻跑去博德。博德還開著，但視窗作業系統已經賣完了。有一位身材壯碩，宛如橄欖球後衛的傢伙在走道上聽到傑夫和博德店員的緊急談話，他說他家裡有一套全新的視窗作業系統。傑夫毫不猶豫——即使是在紐約這個聰明人都要提防陌生人的城市。他跟著這個大塊頭到他的公寓，花了四個鐘頭才把作業系統裝起來。總算稍稍解他燃眉之急，到了早上七點，飯店的資訊人員開始上班，傑夫請他們幫忙下載剩下的檔案。到了七點半，就在最後關頭，手提電腦上的簡報資料已經裝好了，傑夫火速坐上計程車趕去開會。八點整，這個疲憊但鬆了一口氣的小組總算可以做簡報了——幾乎要在飯店裡筋疲力竭徹底崩潰之前，他們終於把一個名叫「拳擊實動對打」（Real Action Boxing to Playmate）的玩具具體展示出來。

傑夫毫不畏懼的勇氣是跨欄運動員樂觀精神的最佳典範。想想看，團隊裡的跨欄運動員幫你化解危機，你該怎樣稱讚他們。也許，你將發現團隊成員在面對壓力很大的專案時，焦慮變少了，卻多了一份成功的信心。

預算限制的機會

跨欄運動員熱愛把逆境化為優勢。給他們一些限制、緊迫的截止日期、和少少的預算，他們可能就會做出卓越的成績。幾年前，布蘭登．波伊爾就是用這種方法解決成本昂貴的問題，帶領他全部團員去參加業界的玩具展，交流各種偉大的作品。當時，另一位IDEO人，保羅．班耐特（最近才從紐約調過來），提到他有個工業規模的閣樓，離玩具展大樓只有幾條街的距離，願意慷慨地提供給布蘭登使用。起初，布蘭登只考慮帶一名團員參展。後來，他決定把整團都帶過去。他們可以搭捷藍航空（譯註：Jet Blue，以廉價機票著稱）。住在保羅的閣樓裡。吃自己煮的東西。布蘭登經過盤算之後發現，這樣做可以讓八個組員全部成行，比起一般的二人經濟艙全額機票、住好飯店，以及餐餐都在外面吃，花費更少。

他們就這樣展開了玩具展之旅。他們就裹著睡袋睡在地板上。簡單的做幾道好吃的家常菜果腹。到了晚上，他們有喧鬧的腦力激盪會議。露營般的氣氛把這趟行程轉化為不可思議的公司外聚會，激發小組的創意。不住飯店卻去住朋友公寓的閣樓反而成了優勢，一種與眾不同的特點。應邀來吃晚餐的客戶認為這間閣樓工作室很酷。而且八名成員黏得緊，像個團隊。他們把預算緊俏的障礙化為獨特的機會。

在組織裡，你會如何化障礙為機會呢？

健康的創新

我們已經見識到跨欄運動員如何化逆境為優勢，也見識到有時候障礙可以激勵出成就。跨欄運動員的驅動力，在創新上扮演著相當重要的角色，而且能夠把組織所面臨的最大挑戰，轉化為最大成功。

現在到處可見，洗好裝在袋子裡賣的生菜沙拉（傳統健康食品的模範生），就是個巧妙面對逆境的故事。一九八三年時，這類產品還不存在，那一年，蜜拉·古曼（Myra Goodman）剛從柏克萊大學畢業（我也是那年畢業）。她和她先生都是在貴族式的曼哈頓上東區（upper East Side）長大的，畢業之後，住在加州蒙特利（Monterey）附近卡麥爾谷（Carmel Valley）的小農場，開始種一些嫩萵苣，賣給當地熱門的里約餐廳（Rio Grill）。

古曼夫婦種了二英畝半的田，他們稱之為「土地農場」（Earthbound Farm），日出而作，日落而息，卻經常發現在勞累一天之後，要開始做生菜沙拉時，實在是已經筋疲力盡了。聽起來很熟悉，是吧？他們解決晚餐問題的方法是在週末一次採收大量的嫩萵苣，洗淨晾乾，然後放在塑膠製的密保諾（Ziploc）保鮮袋裡，作為一個禮拜每天的健康晚餐食材。他們很訝異的發現，有機萵苣經過妥善密封之後，竟然可以長期保持新鮮。「這不是很棒嗎？」有一天他們互相開玩笑說道：「如果你住在曼哈頓，也能夠拿到一袋我們的新鮮生菜沙拉。」

接著逆境來襲。里約餐廳新來的主廚不再向他們買嫩萵苣，古曼夫婦因而意外地失去了他們唯一的客戶。突然間他們有一整園容易壞掉的嫩萵苣卻沒人買。但他們沒有放棄。他們必須重振新事業，這反而激發出他們的創意，把田園詩意的加州農場和繁忙喧囂的紐約老家連結起來。古曼夫婦把洗乾淨的嫩萵苣裝在小袋子裡，加上蜜拉所設計的俏麗標籤，連夜運到曼哈頓。過了幾個月，他們知道他們已經創下了一番大事業。今天這個市場有十五億美元的規模，而他們是這個市場的先鋒。土地農場不斷成長，成為北美最大的有機蔬菜栽培業者和供應商——也是最著名的有機蔬菜品牌。今天，美國食品雜貨店上所賣的有機沙拉，七成來自土地農場。當然，土地農場也引來模仿者和可怕的競爭對手，但他們還是有辦法每年賣出二億五千萬美元的產品，超過一百種的有機沙拉、水果，和蔬菜。

跨欄運動員的精神讓維珍航空公司獲得第一套椅背式影音系統——免費的。

土地面積從一開始時的二英畝半擴增到二萬四千五百英畝。對失去主要客戶的人來說，這個復甦還真是不錯。

對食品公司而言，訊息很清楚：如果商品新鮮、好吃又方便，客戶會迫不及待的來買你的健康食品。但是對成熟停滯、低毛利、價格競爭的企業來說，這則故事的意義更為深遠。如果一對紐約客夫妻可以把萵苣這樣的商品轉型成客戶所喜愛的高毛利商品（同時也在這個過程中解決了肥胖的問題），那麼，你的事業也一定存在這種機會。想辦法加強你的產品或服務，使之更便宜、更迅速。選擇客戶所重視的東西，他們就會找出方法給你獎賞。即使你最初的事業模式受到打擊也不要失望。你可能只差一個好點子來創新，就能有所突破，成為一個嶄新的高獲利事業。

超越逆境掌握機會

正當其他企業的高階主管為九〇年代初期的不景氣感到憂慮困頓時，英國的連續創業家李察・布蘭森（Richard Branson）看到了一個把困境化為優勢的機會。他想要在維珍航空公司（Virgin Airlines）的經濟艙上提供椅背上的影片娛樂，以強化他在客戶服務上的創新者形象。然而，因為不景氣，布蘭森在他的自傳《維珍旋風》（*Losing My Virginity*）中提到，他找不到銀行來融資一千萬美元，以重新整修維珍的飛機。很多經理人可能會就此放棄，並怪罪於「時局不好」。布蘭森想到了另一個解套的辦法。他打電話給當時波音公司的執行長菲爾・康迪特（Phil Condit），問道：「如果我向你買十架新飛機，你願意在椅背上加裝影片娛樂系統嗎？」當時，根本就沒有人訂購飛機，因此，波音非常樂意接受這個條件。布蘭森接著打電話給空中巴士（Airbus），提出同樣的條件。以當時的經濟條件，布蘭森沒辦法為影片娛樂系統舉債融資一千萬美元，卻能夠用新飛機貸到四十億美元——而且還得到免費的影片娛樂系統。更厲害的是，布蘭森宣稱，他這批飛機的價格之低，空前絕後。他不只是清除了融資障礙而已，還提升了競爭力。

凌志汽車（Lexus）也在類似的惡運之下，把公司早期的問題轉化成打響品牌的機

以當時的經濟條件，布蘭森沒辦法為影片娛樂系統舉債融通一千萬美元，卻能夠用新飛機貸到四十億美元——而且還得到免費的影片娛樂系統。

會。豐田在美國推出凌志這個新品牌之後沒多久就發生了品質問題，嚴重程度達到召回的臨界點。傳統的思維會認為，由於公司正處於第一印象的形成時期，因此，早期的失敗，會對品牌造成永遠的傷害。我能想像當時有些人提倡「理性的聲音」，建議公司壓縮這個問題，或試著悄悄地把事情淡化。當然，他們並沒有這樣做。反而聯絡每一位凌志的車主，通知他們車子可能有問題。接下來他們所做的事讓整個狀況逆轉回來。為了把新車主的不方便程度減到最低，他們派出一名技師到車主的家裡或辦公室，幫車主做診斷，而且（如果有必要的話）當場修好。他們在檢驗車子時，會順便清理，讓車子看起來比到訪之前還要好，從此，這就成了凌志服務公式的一部分。就我所知，到每一位凌志車主家裡去拜訪的構想，在汽車業是史無前例。客戶只要坐著等候通知。檢驗計劃不但沒有把招牌砸了，還讓每一位凌志車主有機會四處誇耀他們新車所得到的特別服務。這個構想執行起來很昂貴吧？你的看法沒錯。但這個做法卻成為他們從頭開始，長期打造豪華品牌策略的一部分，並且把客戶滿意度推上了第一名的寶座。事後來看，這是個偉大的投資，建立了不朽的聲譽。

用策略擊潰官僚體制

創新的迷思之一是認為開創性公司總是對新構想採取開放的態度，並且給予個別員工很大的空間去追求不尋常的想法和專案。當我們談到皮克斯、維珍，或是塔吉特，我們會假設創新的公司總是在創新。事實上正好相反，我發現即使是最先進的公司，其組織對於創新的接受程度，還是有很大的差異。當企業在管理突破性新產品或新服務時，經常會出現企業迷思，普遍把企業視為宅心仁厚的組織，慷慨地協助員工追求最新、最偉大的構想。當然，現實的情況是，創新團隊通常要去跨越好心的管理階層所設下的障礙。

我們來看看下面的3M故事，這家公司生產利貼（Post-it）貼紙和數千種聰明的發明。3M的創造力傳統有很多地方要歸功於某些非常堅持也非常有好奇心的員工。雖然你可能已經聽過利貼的故事，但可能還不知道他們的遮蓋膠帶（masking tape）和透明膠帶（Scotch tape）是怎麼開發出來的。這個故事恰好說明了個別員工為什麼經常必須去跨越組織的絆腳石以創造新東西。

○跨欄一：克服「把你自己的事管好就行了」的壓力

一九二一年，理查・德魯（Richard Drew）是名輟學的大學生，晚上在舞廳樂隊裡彈斑鳩琴，白天進修工程方面的函授課程，並在3M擔任實驗室初級技工。德魯所做的低微工作之一是把公司試產的防水砂紙送到聖保羅附近的汽車鈑金廠。有一次，一名噴漆工人在搞砸了雙色噴漆工作之後破口大罵。

大多數的實驗室技師會認為這個噴漆工人只是個愛抱怨的傢伙，不會放在心上。但德魯卻注意聽。雖然雙色漆在一九二〇年代最熱門，但是要噴出時尚的外觀，其過程則是一團混亂，用了許多報紙、膠水、和肉店所用的防水紙。沒有一種好方法可以把噴好漆的部位遮罩住以便噴上另一種顏色。德魯鄭重向這名噴漆工發誓，他要發明一種噴漆用的貼紙。不管3M只是一家掙扎中的砂紙生產廠商，完全沒有膠帶生產經驗，也不管德魯才只是一名資淺的實驗室技工。德魯知道，3M已經跨出膠帶生產的第一步了：製造砂紙時，不要加磨砂，你就有膠帶所需要的黏著劑和紙背了。

○跨欄二：避開公司的官僚體制

德魯有了這個構想，再加上想要解決噴漆工困境的驅動力，他開始用蔬菜油、樹脂、樹膠、亞麻子，和甘油來實驗以做出一種高級的接著劑。後來總裁終於抓到德魯在搞什麼鬼，下令要他別再搞下去，回到工作崗位上好好的做砂紙。德魯大概只有一天是照著主管的話去做。過了幾個星期，總裁得知德魯又回去做他所熱中的工作，但這次總裁沒再說些什麼。最後，德魯向公司申請資金購買生產膠帶用的造紙機。總裁對他的提議考慮了一下就予以否決。但德魯還沒這麼快就放棄。身為研究員，他有權核准一百美元以內的採購案。因此他偷偷地開出一連串九十九美元的訂單購買機器。結果呢？一九二五年理查・德魯成功地製造出全世界第一捲遮蓋膠帶，那是二英寸寬，具有壓力感應黏著劑紙背的棕色膠帶。剛好，第一家客戶就是底特律的汽車製造商。德魯違背命令花錢購買開發新產品所需的原型設備，不但沒有被炒魷魚，還被拿來當成3M樂觀思維的註冊商標。

○跨欄三：眼光要超越你第一次失敗之處

幾年之後，有一家絕緣材料廠請3M為火車上的冷凍車箱開發防水封條。剛好杜邦在那時候發明了賽璐玢玻璃紙。德魯馬上就想，他是不是能在這個革命性的材料上塗上黏著劑。但從早期的透明膠帶原型要進一步開發出成功的商品，可不是一件小事。原先的絕緣材料廠後來對防水膠帶失去了興趣。但德魯還是繼續頑強地修補他的夢。

德魯的堅持，讓他在一九三〇年發明了透明膠帶，但第一年的營業額卻少得可憐，只有三十三美元。而且3M對這膠帶所設定的主要用途是封箱子，當另外一家公司發明了熱封法之後，市場也逐漸消失了。大蕭條年代似乎不是推出新產品的好時機。但弔詭的是，不景氣讓透明膠帶成為美國家庭的必需品。農人用來黏破裂的火雞蛋。一般的美國人拿來黏破損的書籍和壞掉的玩具。雖然有熱封機的競爭，很多食品包裝業者還是用透明膠帶來封箱。二次世界大戰期間的需求非常高，常常缺貨。

如果德魯沒有一直扭曲或是打破公司的規定，上述這些發明沒有一樣會出現。他似乎本能地沉浸在新產品中，對抗自己公司不願承擔風險的機制。廣義上說，他是真正的跨欄運動員：稀有的創新者，二次重大成功（不止成功一次），因為他留意真正客戶的需求，並且勇往直前，不去理會主管的想法或是未知的市場。

我們毫不意外，理查．德魯最後成為3M的傳奇，也是該公司名聞天下的創新象徵。他這樣做，證明了個別的跨欄運動員在改變組織對創新的看法上，扮演著非常重要的角色。事實上，公司真正的力量常常來自最具創意（有時候也是最頑固）員工的企圖心和想像力。而且，德魯身為連續創新者，證明了在創新文化之下，被雷打到二次是可能的。

真正的跨欄運動員

現實生活中的跨欄運動員是啟迪心靈的最佳來源，因為跨欄越過障礙的象徵是如此逼真，如此貼切。

也許你已經看過奧運田徑賽上的跨欄技術。說實在，你必須親眼看到才會相信。偉大的跨欄運動員跑起來的速度，和沒有欄杆時差不多。我們來看四百米跨欄好了，這是田徑賽中最艱難的項目之一。這項比賽需要速度、平衡、完美的步伐安排、耐力，和勇氣。艾德溫．摩斯（Edwin Moses）在一九七〇年代中期開始稱霸該項運動，長達十年之久，令人稱奇，當時，全世界幾乎所有的跨欄運動員，在十座三英尺高的欄杆間要跨十四步。摩斯卻跨十三步，違反傳統的方法。他還在練習中引進了科學方法。他的成績非常驚人。在一九七七年到一九八七年之間，摩斯贏得了一百二十二場的比賽，非常傑出。他在一九八三年所創下的世界紀錄四七・〇二秒，到了二十多年之後的今天來看，仍然是史上第二快。在四百公尺賽跑，沒有跨欄時，摩斯跑起來大約是四十五秒。換句話說，在四百公尺的跑道上跨越十座欄杆只讓他多花了二秒而已。

偉大的跨欄運動員很少讓障礙拖慢他們的速度，更不可能因此停下來。這表示障礙的高度，只和你心中所認定的高度一樣。

用部落格跨欄

地牙哥・羅迪葛芝是一名回鍋的ＩＤＥＯ職員。他曾經離開ＩＤＥＯ到哈佛拿ＭＢＡ，然後在英特異公司（Intuit）擔任線上會計軟體Quickbooks Online的品牌經理。地牙哥是英特異行銷團隊的一員，他覺得他有一個想法可以幫他的線上服務吸引大家注意，而且，最後可

奧運金牌選手艾德溫・摩斯的速度幾乎不受障礙的影響。

以帶來更多的客戶。地牙哥知道部落格的力量，想要用到他的產品上。大多數的行銷團體認為部落格沒什麼潛力（就像上一世代很多人藐視網際網路一樣），他們警告地牙哥，這是在浪費時間。「這並不在我們『關鍵少數』的名單上。」他們這樣說。也就是六個標準差（Six Sigma）裡頭所謂的「別理它」。

架個部落格網站每月只要十三美元，但障礙卻比你能想像的還要多，原因有二個。首先，幾乎讓人不敢相信的是，像英特異規模這麼大，經營得這麼成功的公司，地牙哥卻無法經由正常管道找到人來核准這筆經費。「當時已經快要到第四季季底了，預算全用完了，找不到額度。」地牙哥說道。第二個理由有點諷刺，正好和第一個相反：「我不認為我可以說服任何人，告訴他們說，有一項對我們行銷工作非常重要的事，一個月只要十三美元就行了。」雖然幾乎全公司沒有一個人知道地牙哥要幹什麼，他還是在一個星期五的午餐時間，找到一位平易近人的高階主管用個人信用卡幫他繳費。地牙哥花一個週末寫了幾十篇東西放到部落格上。同時，他請圖案設計的自由工作者在星期天晚上以前完成一些簡單的圖案。幾天之後，他的部落格弄好了，可以在上面討論他所喜愛的QuickBooks功能，並且提供使用上的專業訣竅。地牙哥最後終於讓公司在英特異網站的首頁上擺放他部落格的連結。頭幾天，流覽者大約以每分鐘一人的速度在增加。他覺得，他正邁向成功之路。或是快要被革職了。

英特異公司的行銷部提出警告說公司絕對不會介入部落格，顯然忘了他們已經有一個部落格的事實。二〇〇四年，「部落格界」（blogosphere）還是個緊密結合在一起的團體，因此，當部落格名人羅伯．史科博（Robert Scoble）注意到英特異設了一個部落格（至少英特異有個叛徒設了部落格），他稱讚該公司為創新上的領導人，並在他的網頁上開了一個連結，連到地牙哥的部落格。從此，地牙哥的小部落格就開始走出自己的路來了。

越來越多的客戶發現了這個部落格，並且留言也都相當正面，留下「超酷的」這類的話。英特異和許多瞭解網站的公司一樣，有時候會花錢來讓公司的網站在Google搜尋時，排在搜尋結果的前面。但突然間，他們在Google的點擊數變多了，因為有許多的部落客和網站連結到地牙哥的QuickBooks部落格。在地牙哥的高階主管終於搞清楚他們有個部落格之前，這個部落格早就紅透半邊天了。當然，成功人人都愛，地牙哥的主管總算回過頭來，認為這是個不賴的構想，雖然他們私底下還是擔心地牙哥將來的下場。但重點是，地牙哥是個跨欄運動員。如果地牙哥第一次被拒絕時就打住了，如果他沒有一份跨欄運動員的心，這一切都不會發生。這就是跨欄運動員為他們的團隊所帶來的火花。

躲躲藏藏的跨欄

接下來是來自蘋果電腦的跨欄運動員故事，如果不是真有其事，一定會被人當成虛構的好萊塢劇本而一笑置之。朗・艾維哲（Ron Avitzur）現在是他自己公司的老闆，但在一九九三年的時候，他是一名蘋果電腦的軟體外包商。當艾維哲所參與的大型專案被取消了之後，他對他所做的那部分卻非常熱愛（一個圖形計算器，協助學生看到幾何問題的圖形來解數學問題），因此，他不管三七二十一，自己還是繼續做下去。艾維哲發現他的外包商識別證還是可以讓他進出蘋果電腦的大門，於是就在裡面找了一間空辦公室當做工作室，由他一人獨自奮戰。後來他的朋友，也是蘋果電腦的外包商，葛雷格・羅賓斯（Greg Robbins）也失去了案子，於是，圖形計算器的小組成員就增加了一倍。他們一直工作，一天十二小時，一個禮拜七天，想要實現他們的夢想。沒有預算、沒有正式核准。事實上，根本就連授權也沒有，但是他們本著真正跨欄運動員的精神繼續做下去。當然，最後他們還是被發現了。有一天，總務人員過來清查他們的「空」辦公室，發現竟然被艾維哲和羅賓斯所佔用。「你們是什麼人？」她問道，接著是叫警衛、取消他們的識別證號碼，並且要求他們離開大樓。當然，他們也只好照著做，但本著跨欄運動員的精神，第二天他們又回來了，方法是跟著真正職員的屁股後面通過大門警衛這關。

沒有預算、沒有正式核准。事實上，根本就連授權也沒有，但是他們本著真正跨欄運動員的精神繼續做下去。

他們繼續這樣偷偷摸摸地溜進去，持續了好幾個星期，最後，終於贏得蘋果工程師一個地下網路的支援，因為他們很佩服這二人，想要幫他們的忙。他們能夠使用稀有的原型機器，以便在蘋果尚未發表的PowerPC上測試他們的程式。他們還獲得圖形設計、可用性測試、問題與解答，及文件整理上的協助——所有可靠軟體工具上市版所需要的專業。

他們知道，如果要真正讓圖形計算器出貨，他們就不能永遠待在地下，因此，他們最後向蘋果電腦所挑選出來的一組經理人做展示。多虧草根團隊的幫忙，艾維哲那天贏得了那群經理人的肯定。奇怪的是，他還是沒有拿到正式的資格。因此，他和羅賓斯又繼續偷偷摸摸的溜進去好幾個禮拜，直到一名工程師可憐他們，想辦法克服萬難幫他們弄到了「供應商」的識別證。

最後，這項比賽終於還是跑完了，欄杆也跨過了，圖形計算器就裝在二千萬台麥金塔電腦裡跟著出貨。艾維哲現在是太平洋科技公司（Pacific Technology）的執行長，該公司繼續開發更好、更新的圖形計算器軟體，授權給蘋果。他再也不用偷偷摸摸地溜進大門了。

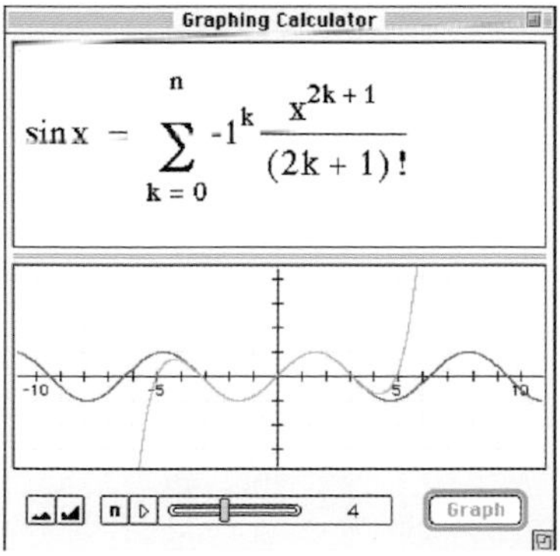

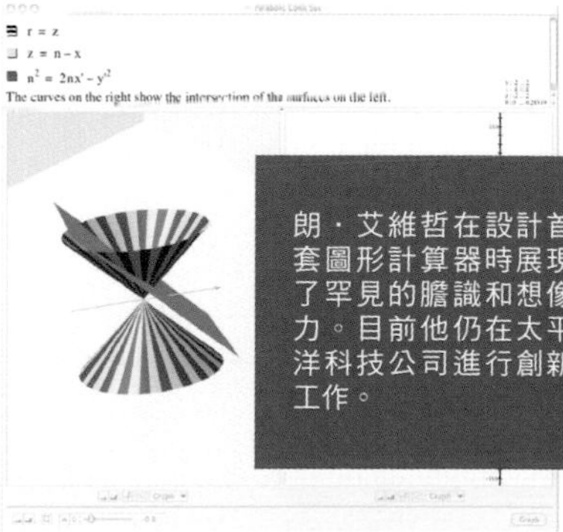

朗．艾維哲在設計首套圖形計算器時展現了罕見的膽識和想像力。目前他仍在太平洋科技公司進行創新工作。

建設性否定的力量

我所想到的跨欄運動員是那種非常有彈性的人，他們不會接受「不」這個答案。但有時候即使是跨欄運動員，也能夠運用「不」的力量。有時候你必須去否決最初的策略才能為新構想找到正確的途徑。例如，幾年前，凱文．麥科迪（Kevin McCurdy）這位成功的年輕網路企業家帶著令人矚目的構想來找我們。他拿著新力索尼的Vaio筆記型電腦來我們公司，向我們展示掃描進電腦記憶體的雜誌。他有一個簡單卻野心勃勃的目標。他想要擁有數位雜誌這個新興世界。

麥科迪知道IDEO曾經設計過Softbook，這是全球最早的電子書。既然我們已經做了電子書，電子雜誌又有何不可呢？麥科迪是個富有的企業家，他有能力以自己的資金去開發。不會碰上官僚主義從中作梗。

於是我們開始製作原型。本案有一些技術上的問題。螢幕的形狀和大小、電池壽命長度，更不用提人們在閱讀雜誌時的各種不同使用習慣。我們團隊在這個案子上做了進一步的研究，發現這案子抓到了電子媒體的力量。出版商不用再支付配送和印製成本，而且廣告的宣傳和互動效果很強。今天，平均每個家庭訂閱八份雜誌，目標市場相當大。

但當我們開始為已經定案的雜誌閱讀機製作原型時，我們知道，我們應該對硬體部分說「不」。

Zinio公司避開障礙，銷售二千六百多份電子雜誌。

我們告訴麥科迪，他的硬體事業將會非常艱困。雜誌閱讀設備在推廣上之所以會失敗的理由很多，從製造成本高昂到單機銷售困難。長期經驗教導我們，新機器的障礙很高。我們幫掌算公司（Palm Computing）開發出熱銷的Palm V之前，已經做過許多筆寫輸入計算器的開發工作，大多數是叫好不叫座，賣得不好。我們當然可以做出漂亮的雜誌閱讀機，但就像Softbook一樣，也許太領先時代了，市場無法接受。

麥科迪，一位身經百戰的創業家，並不考慮失敗的可能性。而是對他如何才能成功，非常的有彈性。他非常堅定，要求要看到初期的硬體樣本（非正式的原型），也非常有智慧，瞭解這些樣本可以用其他方式，讓我們更接近真正的機會。我們沒有一個人放棄他的想法。我們共同設計出線上雜誌訂閱軟體。這可不是那麼簡單的事。線上的版本必須在視覺上和感受上和實體雜誌差不多。

二〇〇二年春，他的公司Zinio推出網站開始服務。今天，Zinio電子雜誌閱讀器是業界公認最好的閱讀軟體。Zinio的競爭者非常多，但該公司已經獲利，得到可觀的能量——他們已經遞送了二百種，共計二千六百萬份電子雜誌，從《商業週刊》到《柯夢波丹》（*Cosmopolitan*）雜誌。線上雜誌閱讀的優勢很清楚——容易搜尋和歸檔，更別說是旅途中的閱讀需求：全世界有一百個國家的訂閱者閱讀Zinio版雜誌。

麥科迪，一位身經百戰的創業家，並不考慮失敗的可能性。而是對他如何才能成功，非常的有彈性。

麥科迪厥功甚偉。他有願景也有動力。我們有膽識敢告訴他沒必要做一大套的硬體設計。而他則有能力和彈性來調整他的策略。

我們學到什麼教訓呢？有時候，在說「好」之前，你必須先說「不」。

沒錢嗎？自己印。

在克服障礙時想出聰明的新點子並不是新設公司或是雜牌企業的專屬領域。以嘉吉（Cargill）來說，這是一家全世界最大的食品公司，全球員工超過十萬名。幾年前面對辛巴威金融危機時，嘉吉碰上了你永遠都碰不到的問題：當地經濟無法提供足夠的貨幣給該公司以購買棉農所生產的棉花。嘉吉用盡各種傳統方法尋找更多的貨幣之後，採用了創造自己貨幣的妙招。從技術上來看，印刷精美的嘉吉本票是一種沒有抬頭的固定面額支票。但是在通貨膨脹猖獗的經濟裡，這些本票事實上就成了法償貨幣。這種本票（每張面額約一美元）印出來之後沒幾天，就被大盤商和零售商所接受，用在各種現金交易上。雖然這種本票顯然不是正式的官方貨幣，但嘉吉的名號就足夠讓這些本票和鈔票一樣好用。而且沒有抬頭的支票可以幫助農夫拿到農作物的合理報酬。

微型工廠跨越巨型障礙

任何實際經歷過一波突破性創新的人都能告訴你，一切都不是必然的。崇高的實驗，其時機和結果根本就充滿了變數——我們認為，這也是要做實驗的原因。因此，觀察一下你的四周，問問你自己，現在所進行的嘗試，哪一項代表稍微提前降臨的未來趨勢。我觀察到一件類似事件，似乎值得下注去做做看（但很奇怪，目前沒什麼人跟進），那就是生產飲料鋁罐的微型工廠。你也許知道，鋼鐵業的小工廠靠著自行創新而成功，像諾可（Nucor）就是一家低成本的小型鋼鐵廠，有系統地侵蝕伯利恆（Bethlehem）這種一貫化大鋼廠的市場佔有率（和股票市值）。現在，有一種革命性的新技術對鋁產業產生同樣的威脅。凱撒鋁業（Kaiser Aluminum）的蓋文・懷麥爾（Gavin Wyatt-Mair）和唐・

哈靈頓（Don Harrington）已經領先開發出一種新製程，把原來業界所採用的十四道步驟需時二週的製程，縮短為微型工廠的半天製程。建造一座微型工廠，成本只有傳統工廠的一半，進而降低了每噸的生產成本，而且因為佔地較小，方便設在製瓶廠的旁邊。

有什麼內幕嗎？凱撒鋁業在一九九七年首先建立了這種工廠原型，而鋁業同業現在才要採用這種新技術。但我還是看好。有些突破需要很長的時間來完成，但一旦成功了，通常你會發現等待是值得的。

例如，我記得第一次看到數位光源處理技術（digital light-processing technology，DLP）是在一九九一年參觀德儀公司的時候——當時稱為數位微鏡設備（Digital Mirror Device）。這項科技最早是德儀的賴瑞・洪白克（Larry Hornbeck）於一九七七年所發展出來的，從發展到成熟，和冰河一樣緩慢。差不多過了二十年（一九九六年以後），才有第一批商業化的產品出來。DLP現在已經成為電腦影像投影系統的黃金標準。而德儀公司在這項技術上有一百多項的專利，生產超過五百萬台由DLP驅動的產品。

學到什麼教訓呢？有時候，重大新構想需要時間才能改變現狀。當一種產業的基礎建設投資非常龐大時，不管是否過時，你必須先停留在原先的運作方式上好幾年，才能採用新發明。

銀色的霞光

跨欄運動員的角色，有一部分是試著在每一朵烏雲裡尋找銀色的霞光。挫敗不是問題，而是機會。這裡有一則優虎（Yoo-hoo）公司的例子，該公司位於紐約，生產復古的巧克力飲料。有一天，優虎的飲料車在紐約街上被偷了。碰上這種小偷還會有什麼好事？喔，優虎裡的人以搞怪著稱，他們在自己的網站上貼了一張模仿警方全面追緝令的告示。他們重金懸賞——二年免費的優虎巧克力，鼓勵大家到他們的網站上下載「尋車啟事」，因而把平常的不利事件完全轉化為行銷機會。如果不是紐約警方在幾天後就找到被棄置的贓車，這項促銷案也許還能維持一段更長的時間。

我認為很多公司都可以學習優虎這個例子。當小事情出了差錯（搞混了或是小過失），大多數的公司如果能用一點幽默來處理將會更好。到處宣揚總比完全不公開來得好。因此，下次如果某些事弄錯了，不妨考慮一下怎樣處理才能化為你的優勢。

堅持的收穫

跨欄運動員的基本特色就是堅持。最近我親自從拍立得的離職員工柏特・史沃西（Burt Swersey）

那裡聽到典型的永不放棄故事，拍立得成立初期，柏特就在那裡工作。當年拍立得的即時照片還是熱門的新科技，裡頭有一位多彩多姿的人物，六十四歲的老工程師，名叫席德．威提爾（Sid Whittier）。席德靠著他的拍立得股票，幾度成為百萬富翁，但這位古板的老市民每天還是到公司上班，通常是穿著同一件破運動外套。

席德為拍立得的一五〇型新款照相機做了一些初步的設計工作。他開始發展一種創新的快門機構，非常精確——他認為他的構想有極大的優點——但公司還是在會議上決定採用另一位年輕工程師的設計。

幾個月後，拍立得對那款設計進行密集的開發之後，證明該款設計在製造上無法執行，導致該公司必須面臨重新開始的痛苦——還有生產進度落後的昂貴代價。拍立得的高階主管非常沮喪，絞盡腦汁想要脫離困境。就在這種氣氛之下，席德從他的抽屜裡拿出他最初構想的完整設計圖。席德對自己的構想非常有信心，所以即使公司已經正式否決他的設計之後，這位半退休的百萬富翁工程師還是一直利用晚上和週末的時間修改設計，直到盡善盡美。席德對抗所有逆境堅持到底的作為，為拍立得省下了開發時間，也讓拍立得最後還是採用他的設計上市。

瞭解現狀的專家

我從拍立得故事所學習到的道理是，有時候，被那些「懂很多事情」的人潑冷水時，仍然應該保持樂觀。我不是建議你完全不要理會專家。但是，就本質而言，專家通常就是傳統智慧的守護者。他們所維護的知識都是過去有用的知識，而且這些知識可能也很有價值。但有時候，新構想或方法、或只是換個新環境而已，就可能會在突然間讓舊思維顯得落伍。

我和我哥哥大衛差四歲，我們二人在高中時都有克服「博學多聞的否定者」的同樣經驗。我們倆都申請挑戰性高的大學，希望能夠成功卻沒什麼把握。我們每個人都各有一位「專家」（一個我們所信賴的人），告訴我們要把眼光放低一點。大衛高中的指導顧問告訴他卡內基美隆大學「太難又太遙遠」。四年之後，我的指導顧問跟我說奧柏林學院（Oberlin College）會「把小鎮來的孩子活活操死」。「為了保險起見，」他們話中隱含的意思是這樣說的：「不要離家太遠，讀最近的學校，不要抱著希望。目標不要定太高。」像這樣的專家通常只對了一部分。天知道，他們的資訊比一般人多。他們可以引經據典地說明「做事的方法」。卡內基美隆的確是超乎想像的難，大衛從開學的第一天開始就為數學和物理苦命掙扎。奧柏林也的確讓從來沒吃過焙果和中國菜的我大開眼界，更別提依凡·伊利胥（Ivan Illich）或是梭羅（Henry David Thoreau）了。但是他們對我們說我們做不到，想要拘束我們年輕的熱忱，真是可恥。而上帝禁止我們聽他們的話。大衛後來繼續深造，成為史丹佛大學全職的講座教授——更別提他從無到有，一手創辦了ＩＤＥＯ。而奧柏林讓我變得渴望學習和熱愛寫作，對我的人生，有莫大的助益。

所以，培養你組織裡的跨欄運動員吧。要珍惜他們。有時候，跨欄運動員會有點冥頑不靈。但這也許是好事。跨欄運動員會聆聽專家的意見，但是牽涉到自己的思想、前途，和生命時，他們不會讓專家來定奪。有時候忽略專家的結果，會發現你眼前的這道牆竟然有道門。

然後，你就能找到你自己的路了。

5 共同合作人

在漫長的人類歷史裡（動物界也一樣），學會以最有效的方式合作並就地取材發揮創意者佔上風。

——達爾文

愛迪生是美國有史以來最偉大的發明家，部分原因是他是個共同合作大師，他是優秀合作團隊的啦啦隊隊長，激勵大家為勝利奮鬥，做出各種大量的發明和創新。同樣地，當英國在二次大戰期間必須破解德國的密碼機「謎」（Enigma）時，他們把一群科學家、數學家和工程師集合在布萊奇利公園（Bletchley Park），建立一個智囊團，解決了戰爭期間最大的智慧挑戰。

共同合作人是什麼樣的人呢？其實我們都認識。他們會鼓動風潮。他們會集合眾人完成工作。他們是主動式跑步訓練機，願意、也有能力跳越組織界限來勸我們走出自己的小天地，集合各種專長進行合作。他們發想組成一個多元的專案小組，並使專案小組發揮功能。在小組中，他們通常位於中間階層來領導組織，運用他們的外交手腕化解組織所面臨的分裂或解散危機。當精力和熱情消退時，他們是最佳的啦啦隊隊長。

IDEO本身就是在很特別的合作方式下所產生的。我加入時，公司的名稱是「大衛．凱利設計公司」，是我哥哥大衛所創立的小公司，偏向工程設計方面。我們真的很想改變世界（至少稍微改變一下），我哥哥在一九九〇年左右決定，如果我們有更多元的專長，我們的夢想就更容易實現。因此，一九九一年，他和莫格理基（Moggridge）的公司、ID Two公司（設於舊金山和倫敦）、以及麥克・納透（Mike Nuttall）的矩陣設計公司（Matrix Product Design）建立了三方合作機制。但是把這些功能互補的公司（偶爾也相互競爭）以三方合併的方式整合起來，仍然是個相當激進的想法。還好，新的合作方式一開始就很順暢。我們過去在數十個合作案上所建立起來的合作精神，為轉變的痛苦過程鋪出一條坦途。

過去這十五年來，也許就是IDEO這種特殊的性格，讓我們在日益複雜的公司和組織裡，還能積極合作。我們曾經協助醫院改善病患服務流程；調整飛機、火車，和汽車的設計；協助一流大學改善學習流程；甚至還刺激國稅局的新思維。誠如我們一個好客戶的美言：「IDEO的最大長處就是合作。」

但有一段時期，IDEO認為這句話是輕蔑而非讚美。當我們還是一家以產品設計為主體的公司時，有時候我們會認為我們的角色就是提出適當的解決方案給客戶。今天，我們比較傾向於認為自己是和客戶的團隊合作，影響他們的文化，改變他們的創新模式，並且留下一套新工具，讓他們繼續往前走。我從以前的管理顧問工作中學到一件事，「正確的」解決方案如果在實施之前，就遭到客戶公司組織裡的抗體誓死抵制，那麼，這個方案就毫無價值。當我們很難分辨貢獻來自於我們或是客戶但經驗豐富的共同合作人，能夠使出微妙的企業柔道，最後，把開始時的反對力量轉化成積極的力量。

時，我們知道，我們做對了。過去這幾年來，ＩＤＥＯ的專案小組有了新的評比標準：成功的最佳證明就是客戶公司裡和我們合作的人員升官了。

那麼，誰是共同合作人呢？他們扮演什麼角色？他們是少數把團體看得比自己重要的人，他們認為專案的成就超越個人成就。這些人願意暫時放下手邊的工作，解你燃眉之急。在你最需要他們的時候，你放心，他們一定會兩肋插刀來幫你。

共同合作人可以是企業內懷疑主義的最佳對抗者。由上而下發號施令的方式，常常會激起抱持懷疑心態員工的抵制。但經驗豐富的共同合作人，能夠使出微妙的企業柔道，最後，把開始時的反對力量轉化成積極的力量。這種事，我們在好幾十家公司裡見識過了。專案小組裡有一、二名成員宣稱這個案子是在浪費時間。共同合作人能夠贏得疑慮者的信任，他們是我們最好的朋友。他們抱持著轉化的熱誠，為整個專案的過程奮戰不懈。這種情形所在多有，超乎你的想像，而且，當他們這樣做，往往可以得到非凡的成果。

共同合作人知道這項競賽的勝負關鍵在於交棒的動作。他們善於處理部門間和小組成員間的交棒問題。有時候，你一眼就可以認出共同合作人。瑪雅・包區（Maya Powch）就是如此，她是ＩＤＥＯ最年輕的員工。她到我們公司應徵時，我們發現她當天下午就可以加入一個案子。我們告訴她，聘書還要幾天才能出來，不知道她是否能馬上開始工作。她的案子是個為期二個月的密集專案，研究拉丁美洲的飲食和點心習慣，提供想法做為新產品策略。瑪雅的工作包含了一些初級工作，像是取得原型的總務工作或是製做簡單的模型，但她並不在意。反而，她認為自己是設計小組的一部分。當他們還需要一名人因工程人員在墨西哥進行觀察時，瑪雅就自告奮勇去接這個工作。而且，當她的專案經理離職，自己到外面開公司時，瑪雅接下重任，在墨西哥市為客戶做重要的最後簡報。她甚至還重新練習高中西班牙語，以確保她能正確地唸出每個人的名字。結果非常成功。共同合作人用團隊的語言說話，並且在緊要關頭完成任務。

意外的夥伴

大型食品公司和雜貨連鎖業通常不是你心目中第一個想到的創新合作對象，尤其是在矽谷這個地方。但我們親眼目睹了他們突破性的創新過程——當他們在會議桌上表現出合作精神時。

沒多久之前，卡夫食品（Kraft Food）和喜互惠連鎖店（Safeway）之間有著相當典型的供應商—零售商關係。也就是說，有很大的改善空間。但卡夫食品的供應鍊經理朗・沃普（Ron Volpe）相信，如果他能善用二家公司的經驗和資源，他就能讓業績起死回生。

他的問題和全世界所有供應鍊經理人所面對的挑戰類似。沃普每天都把時間花在小糾紛上，以臨場反應的方式解決短期的戰術問題：貨車不準時、出貨錯誤、或是為價格爭吵。一天下來，緊張的電話和數以百計的電子郵件，光是應付這些疲勞轟炸就讓人痛苦不堪。沃普很少有時間和資源來發展長期策略。那麼，他是怎麼做的呢？他想到了一個創新的機會。

沃普聯絡喜互惠的窗口琳達．諾古倫（Linda Norgren），問她是否接受聯合創新的構想。就像他所說的，為什麼不撤掉彼此之間的壁壘和障礙，大家從一張白紙開始合作，看看能採取哪些改善措施。諾古倫對此很感興趣，但即使如此，這個專案還是差點就胎死腹中。有幾名沃普這邊的業務員總是推說沒時間。聚會延了二次，因為兩邊都有不少人臨時變卦。

時間表的把戲玩了幾個月之後，卡夫食品和喜互惠雙方的小組成員終於在IDEO帕洛奧圖市（Palo Alto）的辦公室裡坐下來談，與會的還有我們改造業務小組的彼德．考夫蘭和伊理雅．波可波夫。當天所設定的合作案是改善卡夫食品的供應商庫存管理系統（Vendor Management Inventory, VMI）和喜互惠之間的連結效果。基本上，VMI可以讓卡夫食品這樣特別的供應商管理庫存，並且下指示把產品送到喜互惠的倉儲配送中心。如果運作順暢，會達到完美的平衡狀態——產品不會過多，也不會過少。然而，開始合作之後，這二家公司決定把討論的範圍擴大。他們看到了機會，不只是改善VMI而已。

在新構想開始出現之前，雙方人馬必須互相認識——在高科技溝通時代，這可不是一件小事。喜互惠那邊的人，沃普能夠叫出名字的還不到一半，而且他懷疑對方大多數人也不太認識卡夫食品的人。他們分成幾個小組做腦力激盪，研究不同的主題。但他們玩得有點過火了。非常多興致高昂的人在利貼貼紙上塗鴉，消遣他們偉大的官僚體制。他們把組織的圓形圖畫成奧利歐餅乾（Oreo），還拿著我們海綿製的彈弓火箭相互射擊以發洩情緒。當天結束之前，他們一共想出了一百三十三個構想。他們指定五大主題做為卡夫／喜互惠聯合專案小組的任務。他們克服困難，建立整合目標，並且開始在策略、促銷、後勤，和即時資訊上進行合作。

他們的想法是儘快讓這些小組做出幾個原型出來。事情有可能是這樣的——轟轟烈烈的開場，接著熱情逐漸冷卻，最後雙方人馬各自回到公司裡用傳統的老方法做事。但沃普做了一件簡單卻很有效的事。他徵得同意，彙集每個人的電子郵件信箱。把開始的成功歸給喜互惠公司。很多企業根本就不允許這種未經監控的相互交流。過了開始時興奮階段一段頗長的時間之後，沃普靠著一連串的電子郵件來提醒專案小組，給他們壓力，要他們每週提供進度，繼續為主題奮鬥。有些小組停頓了，但還是有些組繼續努力。同時，ＩＤＥＯ在卡夫食品和喜互惠進行「體驗稽核」，對作業環境給予公正的評估。他們提出一項關鍵的建議，以業界所謂的「接駁式轉運」（cross-docking）來將供應作業合理化。由於大多數的品項都是運到喜互惠的中央倉庫，放在儲位上，然後再依需求運到門市，卡夫食品和喜互惠公司開發了一套策略，把卡夫的產品直接在卸貨區裝載至喜互惠的卡車上。接駁式轉運可以減少處理成本，縮短供應鍊，並增加存貨周轉率。經過整合後的作業方式可以為二家公司省下人工和庫存成本。

卡夫食品還改變了產品的棧板作業，成為新配銷戰略的一環。新的棧板不需要入庫或上架的動作就可以馬上進入銷售作業。卡夫食品和喜互惠公司首先選擇加倍力產品（Capri Sun）試驗他們的新程序，在幾週之內該項飲料就在棧板上熱賣起來。他們達成了百分之百的接駁式轉運，而營業收入則大幅成長，增加了百分之一百六十七。遠比加倍力產品最好的促銷案還要有效，二家公司對這樣的成果都感到非常的滿意。他們懷疑這次成功只是僥倖，於是拿卡夫食品的旗艦通心粉和乳酪產品，重複相同的程序再做一次促銷，結果還是相當醒目。同時，卡夫食品逐漸成為喜互惠公司非常受歡迎的供應商。

二家公司經過討論之後，由於處理的手續減少了，實質上他們已經創造出具體可行的展售系統。商品大賣讓大家感覺很不錯。突然間，二家公司都熱中於相互合作。由於做得很成功，雙方都想要衡量成果。他們需要更好的指標來衡量系統。第一年結束時，他們想要共同開發一套零售商評分系統以評估卡夫食品的績效。沃普的小組幫忙開發出第一個原型，是個快速但簡陋的電子郵件。幾個月後，卡夫食品和喜互惠公司共同接受一種試算表，上面有十六項不同的衡量指標。卡夫食品帶頭做初步的架構，然後喜互惠公司加以修正使成為正式工具。

最後做出來的「供應鍊計分卡」（Supply Chain Scorecard）讓喜互惠公司在評核卡夫食品績效時，有一套強而有力的工具。喜互惠公司很欣賞這套系統，乃擴大使用範圍，用以評估其前二十五大供應商。卡夫食品被評為「黃金」供應商，但更重要的是，該公司已經證明是真正的夥伴。喜互惠公司和卡夫食品進一步在內部刊物上合作，而且美國食品加工產業協會還頒發CPG獎給卡夫食品，表揚該公司在產品創新和產業合作上的貢獻。後來，該公司更致力於簡化訂購單和發票作業，同時也把他們報表上所用的專門術語標準化。今天，他們在不同的陣線上共同合作。其中一個重要目標是防止卡夫食品的產品完全缺貨，這個問題只要稍加改善就可以獲致數百萬美元的成效。

對我而言，這個故事的意義顯示，激進的合作方式能夠化解供應商和客戶之間的傳統障礙。這個方法對許多不同企業之間的關係都很有效，有時候，即使是敵對的關係也同樣有效。把隔開二家公司籌組合作小組的圍牆撤掉，這世界就會不一樣。

非焦點團體（Unfocus Group）

焦點團體（focus groups），這個詞在二十世紀下半世紀中，幾乎就是行銷的同義詞。焦點團體彙集傳統客戶的口頭意見給公司。焦點團體在確認階段也許很有價值，但如果你想要激發突破性創新的觀點，我們就不認為焦點團體有價值。當你試著去創造全世界最新的東西時，我們不認為你能夠從「普通嫌疑犯」的身上學到什麼東西。

當你試著去創造全世界最新的東西時，我們不認為你能夠從「普通嫌疑犯」的身上學到什麼東西。

我們的做法是「非焦點團體」。我們邀請極為特殊的人，這些人對我們所要開發的產品或服務有一份熱忱。非焦點團體對創新設計的主題和觀念有所啟發。他們提供人性基礎給設計師和專案領導人。他們還以具體的方式來展現創新真正讓人興奮、讓人喜愛的要素。

我們已經在各式各樣的案子上實施非焦點團體，從製鞋業到金融機構、消費性電子，和汽車業。朵琳達．凡．席多漢（Dorinda Von Stroheim）是我們這方面的選角導演。她在尋找神奇、生動、能言善道，而且離經叛道的參與者上，有著不可思議的技法。最近幫製鞋業的非焦點團體尋找參與者，其古怪讓人嘆為觀止：包括了戴著軟呢帽腳穿閃閃發亮平底鞋的酒吧歌星、穿著火辣長靴的媽媽，和一個喜歡穿涼鞋，幾乎是在火上面走路的男子。我們怎麼知道他們穿什麼鞋子呢？朵琳達要這八名參與者每個人都帶幾雙鞋過來。這個非焦點團體的領隊蘇珊．吉布斯（Suzanne Gibbs）帶過許多的非焦點團體，她要每個參加人員為開會做準備，她稱之為「家庭作業」。

從下午五點半開始，蘇珊在我們舊金山的辦公室召開了三小時的會議。在簡短的創意熱身之後，參加人員把他們所帶來的鞋子展示出來，並說出他們對這些鞋子的感覺。一位兼職開禮車的藝術家說明她如何以昂貴而小心保護的黑色高跟鞋（只保護她踏出禮車時客戶看得到的那邊），在專業的穿著中，表現出她的個性。那位踏火者則說他非常喜愛露出腳趾頭的涼鞋。蘇珊接著介紹IDEO在這個案子上的主題：休閒、神祕，和隱形。她把他們分成幾個小組，要各組找一個主題做原型。

這也許就是非焦點團體和傳統方法差異最大之處。我們請極端而特殊的人把他們的熱情和興趣做成原型。在這個案子中我們所要探索的是健康。我們的參與者所做出來的鞋子強調鞋子內部的健康面——腳跟墊、腳趾握墊、和足弓墊。其他人則讓鞋子奇特而輕巧，或是探索神祕和親密感。有一個小組所做的原型，在鞋跟的黑墊上加入神祕抽屜。這些原型讓我們清楚地瞭解，人們對鞋子所要求的性質。這些原型和小組的看法整合起來，就是設計師最好的素材。出生於紐西蘭的IDEO員工，瓊安·奧利佛（Joanne Oliver）為涼鞋創造出一些觀念，優雅地兼顧外型和功能。客戶接著設計出創新的鞋子，讓他們在原本強調實用的品牌上，拓展出時尚感。

非焦點團體讓設計主題和觀點得以充實。他們混合了觀察、原型製作，和腦力激盪等元素。這也是個迷你表演。例如，在另一個案子，我們並沒有要小組成員說明他們在社交場合中如何分享食物，而是要他們製作社交食品的包裝原型。在探討金融業時，我們所找的人，從他們所帶來的文件可以看出他們的融資方式，有的歸檔整齊無懈可擊，有的則是在隨便的鞋盒裡塞滿了單據。我們針對一家對年輕市場有興趣的汽車製造商，邀集了一群多彩多姿的人，把他們的愛車秀出來——有加強馬力的轎車、怪異的外國車，和巨大的休旅車（車主用來載他的飛行傘）。某一天晚上，他們把車子停在我們靠舊金山灣海邊的倉庫裡，我們打上探照燈讓他們掀開引擎蓋發動引擎。在一個開發狗美容的案子裡，我們請寵物主人把愛狗帶來——說實在的，我們什麼怪事都看到了：第一次的辦公室鬥狗大會、狗狗在我們的地板上撒尿、還有一對狗坐到我們的「觀景」沙發上，其中一隻大塊頭一邊展示身上的裝扮，一邊還用四條腿前後來回震動。

非焦點團體古怪、有趣、通常還會讓人感到驚訝，讓企業有機會看到真實的人如何玩他們所關心的產品和事物，以及如何產生互動。蘇珊認為這是更真實的消費者參與。下次你要確認新的設計目標時，或是想要具體瞭解消費者的偏好時，不妨試試吧。記住，你群組所找的人要有很大的不同特性——這些人要有熱情，並且還有非常特殊的興趣。你也許就能對你的客戶，或是構成客戶基礎的人，更深入瞭解他們的目的。非焦點團體會把產品和服務的深層感受，表現在臉部表情上。他們在創新的過程中加上了人性層面的東西。

「包裝名人堂」這個名字太狂妄，卻提醒我們世界各地都充滿了聰明的點子。

交流訓練

和成千上萬不同領域的企業合作，讓我們對企業小組的內部運作有深入的看法。通常企業裡各個部門各自有其相當的競爭力，諸如：行銷、財務、工程，和製造等部門。很多大型企業以不同的功能和地理位置來規劃組織架構。我們發現，要把有用的創新案融入這些既有的管理壁壘，就好像把一張三百六十度的全景圖，切割成一張張的小照片。你永遠都沒辦法掌握全貌。在某些非常優秀的公司裡，他們最多只能期望不要讓精力毀在部門交接的過程中。如果你正好搭在前一波成功的浪潮上，也許還能讓你漂浮個一陣子。但建立在教條上的管理，當企業環境有所變化時，就會成為問題。你不能像機械師一樣建立公司的應變能力。創新能力也一樣。例如，醫療照護業的公司必須因應新法規和新競爭者的壓力而經常作調整和改變。從時尚零售業到進修教育業等行業都一樣。因為把組織劃分成壁壘分明的部門，在因應市場需求時，他們的門戶之見會構成創新突破上的嚴重障礙。

我來講一個幾年前我花好幾天所觀察到大型文具公司的故事，以說明這個問題經常發生。在參觀他們公司總部時，我們瞄到他們有一個房間全部用來陳列競爭者的各種產品。貨架從地板直上天花板，上面擺了數百件，甚至上千件競爭者所製造的卡片和其他紙製品。我對收集這類東西很感興趣。這些東西會提醒你，公司外面所發生的各種創新方案，讓你不會輕易認為自己已經用好點子壟斷了市場而苟且偷安。例如，在我們舊金山辦公室裡，有一個「包裝名人堂」，那是一道牆，上面擺滿了數百種怪異、酷炫而引人遐想的洗髮精罐子、汽水瓶、點心容器以及其他東西，這些都是從世界各個角落收集回來的。

但是當我在參觀這家公司所收集的競爭者產品時，我告訴收集管理員說，我注意到他們忽略了一件事。他們沒有日本來的東西。我到日本超過二十四次，從來就沒忘記去參觀幾家文具店，因為我發現他們的產品非常有創意，也非常精緻。「這個想法非常棒。」管理員說道：「我該如何做呢？」

「喔，我的做法是，」我對她說：「打電話給我東京的朋友，並給他們幾百塊美元，請他到澀谷區知名的東急手門市或是伊藤屋的銀座文具店買些最新產品。他們再用聯邦快遞把東西寄給我，那麼幾天之內，我就有全新的收集品了。」這位管理員似乎很喜歡這個想法，暗示我她可能要拜託我幫這個忙。但是後來，我們要離開的時候，邀請我的人，也是我當天的導覽員私底下偷偷地對我說：「湯姆，你知道嗎，我們在日本有一個很大的部門。」

我嚇一跳。該公司在日本有數百名員工，而總部的管理員竟然不知道該如何聯絡或是該找誰。這就是門戶主義危害的例子。他們在日本有豐厚的資源卻沒辦法運用。

當然，我們經常要扮演聯絡人的角色，協助客戶公司內某個部門橋接到另一個部門。在理想的世界中，公司不需要這種協助。但我相信你還是要為這個問題傷腦筋。有時候，企業就是需要第三者來協助處理部門間的合作問題。

當我們在合作時，是如何消滅這種傳統的門戶之見呢？我們會成立一個跨部門小組。這可不只是簡單的請各個部門派人來瞭解一下新產品或服務觀念而已。部門間的障礙經常是彼此不相往來，更不用談合作了，而跨部門小組卻能讓他們琴瑟和鳴。我願意第一個承認這件事很困難。這牽涉到自我意識和地盤觀念。但我認為這是成功企業合作的中心元素。當然，在IDEO，我們是設計師，但我們也視自己為顧問和旅途中的嚮導。我們就坐在會議桌上。我們的工作就是把他們組成一個統一的團隊，而不是各單位派代表來集合。

最近，大家經常談到多元專長小組的重要性。但是光是從每個小組找人過來是不夠的。你需要一些黏著劑。你需要一個共同合作人。一個勸導大家揚棄門戶主義思維模式的人，帶領大家在一個沒

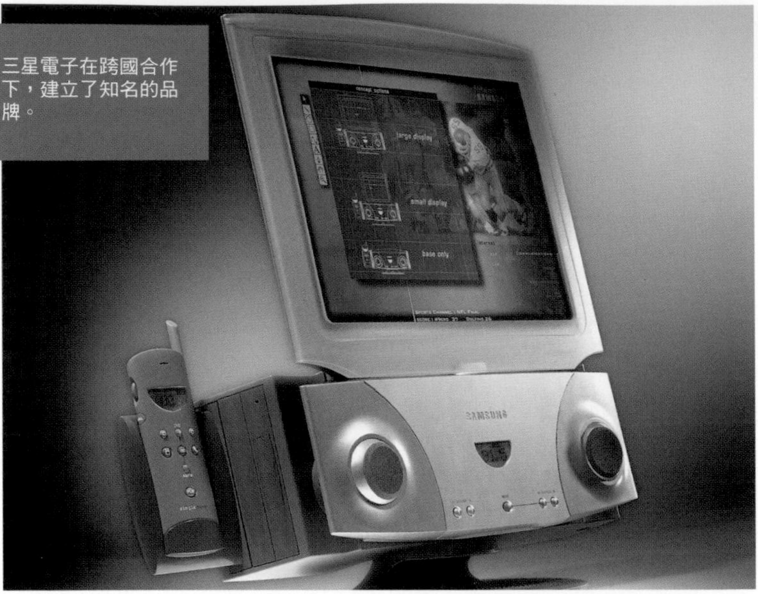

三星電子在跨國合作下，建立了知名的品牌。

有劃分地盤的領土上共同奮鬥，實現理想。這可不是個簡單的目標，卻是個值得努力的目標。共同合作人會盡全力去達成這個目標，他們所花的時間非常值得。

透過共同居住來合作

為什麼共同合作很重要？有什麼證據顯示合作對同伴有意義，且有助於團結，讓大家為目標共同努力？多年來，我們協助過許多公司進行高度合作的案子，這些案子很成功。我們有來自松下企業的日本設計師在我們倫敦的工作室工作好幾個星期。我們有一個ＩＤＥＯ小組在ＢＭＷ慕尼黑的研究中心裡工作一年之久。我們曾經協助柯達和寶鹼這樣的企業設立創新中心以激發新構想。然而，我們還有一個沒沒無聞的合作案，也許就是展示團隊力量的最佳例證。

十多年以前，三星電子（Samsung）帶著一個勇敢的計劃來找我們。一般皆認為他們是消費性電子的二線廠商，有高效率的製造能力，但在設計方面就不是那麼有名了。根據他們的提案，他們從韓國輪流派遣幾組設計師來加州工作，基本上要和我們的設計師住在一起三年左右。我們一起設計出二十七項新產品——從電腦到電視。

三星在太平洋兩岸都建置了設計團隊。沒多久，他們突破性的新設計就上了《商業週刊》的封面。業績超好的。三星電子過去和韓國其他的財閥沒有兩樣，現在則毫無疑問是個領導廠商，遠遠超過現代（Hyundai）和樂喜金星（Lucky Goldstar）。在國際品牌顧問公司（Interbrand）對頂尖企業品牌所做的年度調查報告中，三星電子最近被評為全世界品牌成長最快的企業之一。

當然，IDEO只和轉型成功的一小部分有關。三星持續對研發進行大量投資，調整其高效率的製造能力，並改善行銷工作。但我還是認為，持平而論，我們的共同合作案在鞏固三星的設計能力上，扮演著催化劑的角色。而且，和最好的合作一樣，我們還沒結束。我在寫這本書的時候，有一位三星的設計師又再度和我們住在一起。

鐵人三項就是新的高爾夫

高爾夫是大家公認的商業導向運動，在球場上有的是機會去談生意經，而且，結束後，第十九洞更是大好機會。然而，如果你想建立真正的關係，我們相信，現在該是考慮高爾夫球場之外的時候了。所以，如果你想找不同的機會，和組員共度珍貴的時光，你有很多的項目可以選。IDEO的希拉蕊・賀伯認為，大家一起準備美食（當然，然後一起享用），是強化組織凝聚力的最好方法，我一位在G2市場（B2market）的朋友，約翰・柏格（John Berger）說他喜歡帶同事一起去潛水，因為可以建立彼此的信任感和共同經驗。

但是IDEO的尼爾・格里默（Neil Grimmer）和克利斯・華（Chris Waugh）二人可能已經在激進的合作世界裡，開創出終極祕招：他們和最要好的客戶做鐵人三項。這個風潮由尼爾開始，當時，他發現我們在賓士公司的一名客戶也是一位程度很好的跑者。接下來，我們只知道賓士公司贊助他們兩人（整套的隊員運動衫和其他器材）去參加德國的鐵人三項比賽，以及尼爾每天清晨在小組會議前和賓士的經理曼斐德・棟（Manfred Dorn）一起作跑步練習。賓士公司甚至於還刻意把最後的簡報安排在鐵人三項大賽的後二

他們可能已經在激進的合作世界裡，開創出終極祕招：他們和最要好的客戶做鐵人三項。

終極企業合作：和你的隊友一起完成鐵人三項。

天，好讓二家公司能夠一起慶祝比賽結果。

如今這個構想已經有了自己的生命。尼爾和克利斯每年都到明尼亞波利完成終身體適能的鐵人三項（由我們的客戶嘉吉企業所贊助），中間的時間則為嘉吉公司的案子工作。嘉吉公司去年有一百多名員工參加這項運動（但不是每個人都完成全部賽程），而這項合作也讓我們二家公司之間的關係更為密切。

因此，即使你（和我一樣）不太適合帶著隊員去潛水或是鐵人三項競賽，你還是可以找些新方法，建立超越一般水準的同袍情誼。

血汗產權

愛迪生有一句名言：「天才是一分靈感再加上九十九分的努力。」但通常在激進的合作裡，最重要的步驟就是在開始時要找到一起工作的方式。

有太多的公司放棄和別人合作的大好機會，因為乍看之下，對方所提供的條件似乎不夠優厚。就如同你必須在工作上創新，對於如何實現合作，你也必須抱持著開放的心胸。

幾年前，波士頓啤酒公司來找我們重新設計傳統的啤酒桶水龍頭把手時，我們覺得，協助一家小公司修改實際上已經要放棄不用的東西，我們的正常收費對他們來說可能是個問題。但是我們真的很想和他們合作，於是就想辦法用山姆．亞當斯的波士頓啤酒（Sam Adams Boston Lager）訂了一份很特別的合約。一部分的費用他們以（你猜對了）啤酒來給付。親切的山姆．亞當斯團隊每一次到我們波士頓當地的辦事處，都會推著裝滿半打裝啤酒的手推車。接下來二年，ＩＤＥＯ負責山姆．亞當斯案子的波士頓黨，每個人回家時都帶著好幾罐的啤酒。

這也許不是我們最賺錢的案子，但卻很有趣。在ＩＤＥＯ的年輕設計師中，找幾名來參與此案當然是沒有問題。我甚至還懷疑，我們對這個案子比一般的田野調查還賣命。我們去探索「啤酒戲院」，當酒保為你斟滿心愛品牌的啤酒時，在這神奇的一刻，啤酒桶上的水龍頭開關就是矚目焦點。我們注意到，幾乎每一種牌子的啤酒都選擇上色或是上了亮光漆的木質龍頭以強調傳統，讓人聯想到十七世紀英國酒吧的東西。大量生產的現代啤酒必須去強調以前在釀酒上的豐富傳統，我們覺得這是有道理的。但是我們認為，對山姆．亞當斯這樣已經獲得認同的啤酒，可以用更現代化的水龍頭。

我們探索新材質，敞開心胸接受各種可能方案。以塑膠射出成型的方式來做開關把手，就可以做成透明、含電子功能的把手。我們腦力激盪出許多的構想，像是用內部光源發光的把手，在倒啤酒時，用跳動的數字顯示倒出了多少啤酒，或是來一場迷你的燈光秀。在一次很輕鬆的場合，我們甚至還考慮裝個電子「樂透」，定期提供一杯免費啤酒當作獎金，就像拉斯維加斯吃角子老虎的把手一樣。最後，我們決定省事一點——也可以省錢：藍色透明的水龍頭，上面用不鏽鋼把手，和城裡其他的把手相比，非常醒目。我們讓山姆．亞當斯波士頓啤酒在啤酒戲院裡有了全新的角色，並且為啤酒桶水龍頭把手的圖樣，設定了未來沿革的路線。而且，大家都認為這個合作案讓雙方互蒙其利，因此，當波士頓啤酒公司決定在各種季節性啤酒上使用可變換的水龍頭把手時，我們又再度合作，而我們的冰箱裡，也再度充滿了他們香醇順口的佳釀。

交棒接力

我認為，沒有任何事物可以像田徑賽緊張的四×一〇〇公尺接力中，重要的交棒動作一樣，讓人瞭解協調合作的重要性。任何一個跑過接力賽的人都能告訴你，接力賽中，交棒動作比各運動員的速度還重要，因為如果你沒接好，一切就都完了。奧林匹克史上，從沒有一個隊伍可以掉了棒子還贏

交棒的優雅動作結合了速度、彈性，和密切合作。

得比賽的。即使隊員全都是最出色的跑者，合作上一旦出現差池，就會讓成就無法達成。

對那些不是田徑迷的人來說，接力賽似乎就是比賽看誰能夠把四名全世界最會跑的男子或是女子組成一隊。但事實上並沒有這麼簡單。最佳的隊伍會仔細調配各選手的天分和資源。第一棒跑者必須在起跑時有爆發力。中間二名跑者必須在交棒和接棒上有世界級的水準。在四×一〇〇公尺接力賽中，每一名跑者要跑一百公尺，然而實務上，每名跑者所負責的距離不盡相同。他們必須在二十公尺的接力區裡交棒，否則就會喪失資格。

從物理定律來看，交棒必須順暢，而且要在減速最少的時候。如果第二棒跑者在接棒前能夠加速，寶貴的動量就損失有限。美國參加巴塞隆納男子四×一〇〇公尺接力的選手是邁克・馬什（Mike Marsh）、柳羅伊・布瑞爾（Leroy Burrell）、丹尼斯・米切爾（Dennis Mitchell），和卡爾・劉易士（Carl Lewis）。他們每個人的百米短跑差不多是十秒左右，於是，你也許會猜四個人合起來跑的時間大約是四十秒，對吧？聽起來很合邏輯。然而這四名優秀的運動員，每個人跑一百公尺，再加上交棒三次，加起來的世界紀錄是三十七・四秒——平均起來，時速超過二十六英里（譯註：約為四十一・六公里）！但這怎麼可能呢？這是可能的，因為當第一棒馬什順暢無瑕地交棒給布瑞爾時，布瑞爾已經接近最高速在跑了。當傳奇人物卡爾・劉易士接到最後一棒時，他受到競爭者的激勵，在終點時達到時速二十八英里（約為四十四・八公里），也幫隊伍贏得奧運金牌回來。

接力賽在交棒中決勝負。如果接棒的跑者起跑太慢，就會損失動量。太早起跑，接棒時可能會跑出接力區而被取消資格。我們都見過拙劣的交棒動作——在田徑場上和企業界。他們都同樣犯了缺乏協調和溝通的毛病。而交棒時同步協調完美，接棒者接到棒子時已接近速度上限，這種情形又有多少呢？

一次交棒中的差異，就能決定比賽的勝負。二〇〇四年在希臘所舉辦的奧運會中，美國的男子和女子四×一〇〇公尺接力，驗證了交棒不良會把一個強隊給拖慢，甚至於拖垮。瑪麗安・瓊斯（Marion Jones）在跳遠賽後的疲憊加上是接力賽的新手，導致無法在接力區順利接棒，讓她那獲勝機會很大的隊伍失去參賽資格。同時，美國的男子隊輸給英國隊，主要也是因為最後的交棒不順。

順利交棒的重要性，可能找不到比一九三六年柏林奧運會更好的例子。希特勒寄望德國的女子隊能在四×一〇〇公尺接力賽中證明她們的優越性。快到最後一棒時，德國隊整整領先了七公尺，幾乎是篤定獲勝。但德國隊的最後一棒把棒子接漏了，而來自加州里佛岱爾（Riverdale）的伊莉莎白・羅賓遜（Elizabeth Robinson）穩當地把棒子交給來自密蘇里跑得同樣快的海倫・史蒂芬（Helen Stephens），她得到金牌破了奧運紀錄。

現代組織中的交棒動作比接力賽還困難，但這個比喻仍然適用。成功要靠選擇正確隊員並給予他們適當的角色。所有的參與者都拚命想要完成個人最大的成就，同時始終都會顧及全隊的表現。如果你能夠讓小組成員在接力時順暢快速，你將會對你所能達到的成就感到非常神奇。

長距離

在今天的全球經濟之下，你除了要在部門間進行接力棒的傳接動作之外，很可能還要在海外進行傳接動作。如果你的團隊散落於全國各地（更不用說是全球各地），合作就會變得非常具挑戰性。然而，這已逐漸成為現在企業的特色了。這也是IDEO把組織按照業務類別來分的主要原因，降低地理位置的重要性，強調我們全球營運的能力。

讓我來告訴你一個小小的例子。我在寫作期間，還負責位於德國居特斯洛（Gütersloh）貝塔斯曼公司（Bertelsmann）的專案。這個案子的業務經理是個巴西人，也不在IDEO的慕尼黑辦公室上班。專案經理則是加拿大人，駐在我們的倫敦辦公室。而案子卻是在巴黎進行，由一位來自北京通曉三國語言的女士規劃整理。

那麼，你要如何完成一個跨國的案子呢？從真正的會面時間開始（電傳視訊不算）。請對方到外面喝咖啡或是吃中飯，你就能和對方建立個人情誼，讓你在電話上能夠隔著海洋請對方儘快協助你。人類至今仍然堅信，一起吃個飯很重要。

一旦你建立了那種初步的人性關聯，你就能建立多管道的溝通以維持更好的互動。電子郵件是不夠的。在IDEO，我們設有電子房間，這是從公司的數位網路中所開闢出來的虛擬空間，專門用在案子上。小組成員設置了一個專案用的維基網頁（Wiki，一種極具延伸性的網頁形式）。我們還經常舉行網路會議，開會時，大家都看著相同的簡報和資料。我們並沒有特別偏愛任何一種科技，但不管什麼工具，只要能增加成員互動的人性頻寬，我們都願意使用。

當你沒法安排會面時間時，為某些人所謂的軟性東西建立空間非常重要——例如，組員的個人速寫、對他們嗜好的看法等。當你們親密地工作時，你也許可以用滲透的方式收集到這些資料，例如，當你問：「你週末假日都做些什麼消遣？」留點空間來測量組員的情緒和心理狀態。如果電子郵件是你唯一的溝通方式，那你就很難察覺到組員日積月累，快要爆發的挫折感。見過世面的共同合作人知道，不可把電子郵件和真正的人性溝通混為一談。竟然有那麼多人當他們只要用更有效的電話講二分鐘卻使用電子郵件，我對此感到目瞪口呆。這也許就是最重要的建議。在跨國合作創新工作時，更是重要。花點時間做許多或長或短的交談吧。你和人交談時不想說的話也不要在電子郵件裡說。避免發出模稜兩可的電子郵件讓某些二天下來已經非常倒楣的人產生誤解。而且，如果可能的話，千萬不要用電子郵件來做首次聯絡的工具。

完全團隊

在IDEO帕洛奧圖市辦公室的街上有一家全食超市（Whole Foods），因此，過去這幾年來，我（經常）親自去體驗高檔食品店這個現象。這是辦公室能夠找到食物的最近地點，如果你在午後想要來一杯濃咖啡配巧克力餅乾，全食超市總是樂於為你服務。幾年前，IDEO為泰德・卡柏（Ted Koppel）的《夜線》（*Nightlines*）節目製作食品雜貨店購物車的原型時，該店就自然而然成為我們對觀念進行「市場測試」的第一選擇。

全食超市的興起，並不單純只是家規劃良好的店，或是因為健康食品當道而已。這家連鎖業者挑戰傳統企業對勞工和管理的觀念，他們似乎不只是賣些特別種類的食物而已。該公司簡直就是在勞力密集的產業裡，提供了一套新的管理方法。全食超市的財務數字非常傑出。在到處是殺價競爭的產業裡，這二年來該公司已經賺了二億美元。同時，全食超市的直接競爭對手，開店數為該公司的七倍，獲利卻還不及全食超市，而其他的競爭廠商則因市場不好而處於虧損狀態。全食超市成功的祕訣之一就是把合作融入到作業裡。雖然大型連鎖店有充沛的經理人和伙計，全食超市卻培養出更具創意、更有參與感的專案小組。

每個門市有八個內部小組，而且每個小組自己負責招募人員。新員工是烘焙小組、海鮮小組，或是其他小組所招募進來的。你進來之後一個月，必須得到三分之二同事的認可才能留下來。換句話說，你必須非常賣力才行。而且和其他地方的專案小組一樣，全食超市的功能小組有權決定很多事，從他們的區域要進什麼貨到他們要如何展售食品。小組所增加的營業額和利潤會轉成組員的獎金。

除了整體的團隊精神之外，他們在門市管理上還有平等和透明的作風，這在其他企業中是很少見到的。例如，高階主管的薪資不能高於最低薪資員工的十四倍，而且每一個員工都可以去查閱全公司的薪資表。更重要的是，公司有大量的銷售、庫存，和財務資料，定期讓各小組研究，作為他們自己測量成功狀況的基礎。每個人都有資格拿到股票選擇權。他們甚至還有一份「獨立宣言」，除了宣示該公司對待食品和客戶的方式之外，還清楚闡明該公司對員工的態度。全食超市宣稱，他們不容許「我們對抗他們」的觀念。主動、廣泛參與一直是他們的箴言。該公司對這些目標所提出的追求方法，有些值得在此重述：

○小組擁有主導權，定期開會討論問題、解決問題，並且尊重其他人的貢獻。
○透過組員論壇、顧問群，以資料公開、意見公開，和人事公開的方式來促進溝通。
○結合工作和遊戲，透過善意競爭改善我們的門市，堅持讓我們的工作更有趣。
○對於公司的價值、食品、營養學，和工作技能等的新機會，要不斷地學習。

換句話說，小組就是全食超市公司的骨幹。而其作業的命脈就是合作。如果你和全食超市的老客戶交談，你可能會聽到類似的故事。全食超市的員工會盡全力協助客戶尋找商品，並回答各種問題，從什麼是好魚醬的問題到如何做一道菜。他們總是有很好的服務精神且樂於幫忙。這應該不意外。他們是緊密結合團體的一分子。從他們的角度來看，他們的小組就是勝利小組。

對我來說，我們所學到的共同合作人很簡單：把你企業的工作轉化成由小組領導的專案來進行。讓他們在工作上扮演強而有力的角色。我的經驗告訴我，你註定會有豐盛的收穫。搞不好，你就可以在專家早就放棄的傳統事業裡賺到許多錢。

團隊合作：足球模式

身為一個父親，我注意到青少年足球運動，雖然這在美國還是讓人覺得很陌生，卻迅速取代了橄欖球的角色。我童年時的俄亥俄州，大家在後院裡玩橄欖球，從夏末一直玩到冬季第一道冷鋒來襲。離開家鄉到大學讀書之前，我幾乎沒看過足球。現在的情形則正好相反。我不知道我那十歲的兒子是不是能丟出漂亮的旋球，但他踢足球倒是很有一套，已經踢了三個球季了。對他們這一代來說，不管是男孩女孩，足球已經成為最熱門的秋季運動（現在美國踢足球的兒童和成人大約有二千一百萬人）。你也許會質疑，這和企業界的團隊合作有什麼關係？

嚴格說來，足球才是真正的團隊運動，也是各種企業合作最有力的國際象徵。實務上，最佳的足球教練幾乎要訓練所有的事項。史帝夫．內果艾思可（Steve Negoesco）是附近舊金山大學閣下隊的教練，最近退休了，五百四十四勝的紀錄在大學教練界是空前絕後，同時也是全國四大賽的最佳紀錄。內果艾思可的祕訣是什麼呢？他在開賽之前會選定一名隊長，在看台上找一個能夠縱觀全局的位置坐下來。他不會因為一名球員下場二十分鐘表現平平就把他換下來。建立信心，他覺得，比贏得比賽更重要。如果很明顯某位選手表現失常了，他也許會在半場休息時換人。如果有球員受傷了，隊長（不是內果艾思可）會找人來替代。

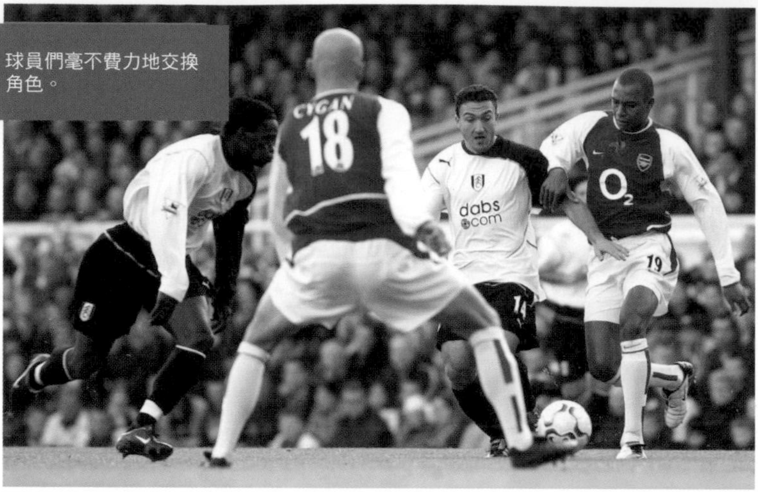

球員們毫不費力地交換角色。

內果艾思可在組織上奇特的耐心和紀律可以達到什麼效果呢？他的球員不會私底下放馬後砲。他們對球隊有一份強烈的責任感。他們接受開賽前所分派的角色並緊密地結合成一個團隊，充滿了神奇的創意、技巧，和協調性。實際上，內果艾思可把他的球隊訓練得非常好，因此，在球賽當中，每個球員本身就是個教練，能夠克服球場上許多的挑戰。他們在整隊出賽時還能夠獨立思考。這樣的人，強悍、負責，而有創意，能夠探索各種不同的機會，你難道不能多用一些嗎？

足球隊和公司的好團隊很像。他們都必須熟練基本技巧，並經常在實戰中「控球」和「傳球」。最佳的隊伍追求差異性，他們的球員矮、快、高、壯，各有特定。隊員的特色讓球隊更為豐富。足球有一系列的交互傳球，就像專案小組的工作銜接。注意看職業球賽，你會發現，好的球員在球場各個角落裡，不斷地跑成三角形，製造控球者各種傳球角度的機會，就像專案人員以各種不同的方法工作一樣。

足球不像橄欖球那樣重視特定位置的特定技巧，球員的技巧和責任必須相互重疊，全隊整合。我們IDEO也採用同樣的思維。我們越來越覺得，不能單單因為某個人學的是工程，就認定他在開發新服務的腦力激盪上不能有所貢獻。相反地，我們要求我們的設計師在挑戰問題時，要去瞭解一下工程方面的解決方法。好的團隊會要求組員延展各自的領域以相互支援，彌補缺口。

當荷蘭隊開始採用其發明的神奇新戰法（後來有很多球隊也模仿這種戰法），即足球界所謂的「全攻全守足球」（Total Football）時，他們的球員必須快速變換角色，並且能即時溝通。一個後衛搶到對方的球時，要快速衝過邊鋒，變成前鋒。同時，前鋒則要退到後衛的位置補位，以防對方反攻。合作越有效率，則凝聚力越大——也越容易獲勝。有合作，足球才會刺激——而球隊也得以獲勝。

同樣的即時彈性和廣泛溝通，如果運用到你的團隊，可以協助你把專案作法重新調整，獲得一些「分數」。這裡，我們提出幾個重點，可以幫你建立一個好團隊：

○多訓練，少指揮

好的執行長和經理人會去啟發員工，強化他們的信心和技巧，如此，他們才能夠掌握「大競局」的重要機會。

〇提倡傳球

把團隊分成三到六個小組以增加三角隊形，讓組員能夠互相傳遞構想和責任。

〇每個人都要碰到球

為每名參與者找到至少一個重要的任務。不要在公司裡放逐某些組員，讓他們像橄欖球的邊鋒一樣，幾乎碰不到球。

〇傳授重疊的技巧

為組員創造機會擔任非傳統角色，並鼓勵提案。邀請技術迷來做腦力激盪，形成大觀念並提出構想，同時也鼓勵缺少科技背景的人瞭解科技議題。找出組員特殊的興趣和熱忱，讓他們上場去做。

〇運球越少，得分越多

多鼓勵大家提案分享構想。獨自運球，能夠讓案子有個不錯的開始，但接著你需要的是團隊合作，案子才能順利完成。

旅途分享

合作中的起起落落是合作發揮作用的一部分。如同商業怪才蓋瑞・哈默爾（Gary Hamel）所說的，合作的過程，在某些案例當中，可能比最後的成果還重要。他用電影來作比喻以說明他的論點。如果你在最後五分鐘才進到戲院看休葛蘭（Hugh Grant），或是卡萊・葛倫（Cary Grant）的電影，最後一幕很可能是相同的——女主角用手摟著英俊的電影小生，配上羅曼蒂克音樂和配角。由於沒有看到前面的部分，你對這溫馨的一幕可能無動於衷。但如果你從頭看到尾，欣賞高潮迭起的羅曼史，經歷了分手和誤解過程，當經典的結局達到高潮時，同樣的結局可能讓人感到心酸動容。甚至還會讓你熱淚盈眶。你的反應並不是來自結局（他總是能夠追到女孩子），而是來自過程、旅途，和分享的經驗。

同樣的道理在企業合作上也成立。共同經歷整個過程可以建立瞭解、承諾、能量和動量。也就是說，合作絕不會像電影小說那樣一帆風順。離婚率是個不幸事實提醒著我們，企業合夥，觸礁生變的數字也會差不多。那麼，當你的案子碰上了天然的路障時該怎麼辦呢？你可以考慮這個乍聽之下有點違反直覺的方法：擁抱批評你的人。

和你的對手共同選擇

就拿我們倫敦辦公室裡，莫拉．謝亞（Maura Shea）所說的故事來做例子吧。莫拉曾經有個案子是美國一家知名醫院，他們正在尋求新方法，在新空間裡容納病患和家屬。那是個挑戰。許多高階主管和醫師都不相信，一個新「顧問」（我們很忌諱這個稱謂）到處晃來晃去能搞出什麼名堂，這點我們倒是可以體諒。就像莫拉所說的，他們已經看過太多的提案失敗了，他們不相信有改變的可能。他們深受「顧問疲勞轟炸」之害。有一部分的問題是，這些人基本上很多都要做二份工作，除了正常的工作之外還要參與專案工作。婉轉一點的說法是，很多人都是苦不堪言。

尤其是醫師特別感到懷疑。一天，莫拉走過大廳，卻被一名憤怒的醫師當眾大聲責罵：「你們真貴，你說，你的薪水是多少？」莫拉忍住不答。這名醫師接著又說：「我們已經等了好幾年，想要對這裡做點改變！你們有本事弄出點不一樣的東西嗎？」

莫拉還是沒有喪失她的理智。「我希望您能夠加入這個計劃。」她對這位醫師說：「如果你不來參加，我們這個小組就不夠強。」

要很堅強，且很有自信才能開口主動向對方釋出善意。但莫拉說的是真心話。這位醫師有很強烈的意見，而且對東西該怎麼改，肯定也有很強的想法。於是莫拉開始在醫院裡跟著這位X醫師，看他如何工作，如何和員工及病患互動。從很多方面來說，他是個理想的觀察標的：聰明、有主見、急切地想告訴我們，這個計劃哪些對他有用、哪些沒用。

和你的對手共同選擇，上面的故事是個奇妙的教訓。為什麼不去聽取他們的意見，回應他們所關心的事，而不要被他們的言論激怒？他們通常有很不錯的觀點。這樣做的收穫可能會非常大。說服對方改變心意為團隊努力，這是推動計劃最好的方法。

在另一個和建築師事務所合作的專案裡，事務所一位資深合夥人當著我們小組的面說，我們是在浪費他的時間。然而，我們還是請他給我們一個機會，加入我們的團隊。後來，他不只是擁護這個程序而已，還在計劃進行當中，問我們他是不是可以針對我們的程序，為建築雜誌寫一篇個案研究。就是這樣，一度曾經批評我們的人，如今轉變為熱情的代言人。

當你進行合作案時，很可能會碰上反對的聲浪。對任何一位扮演共同合作人角色的人，我所能給的最好建議就是要有耐心。下次當你的案子碰到真誠的批判者時，不妨瞇著眼睛，想像一下，如果他或她能夠站在你這邊，那是多麼大的助力啊。聆聽他們所關切、和抱怨的事，那麼，你就已經跨出了第一步，也是最重要的一步，終能贏得他們的信任。

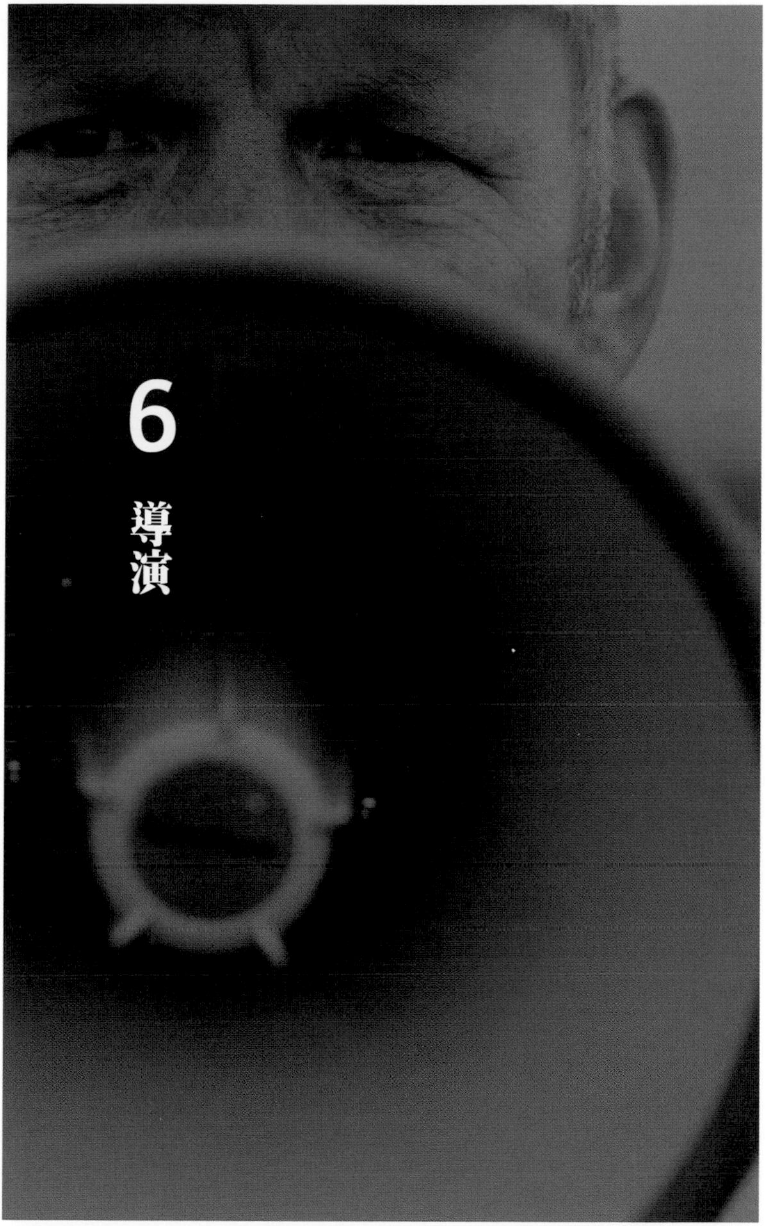

6

導演

我靠夢想過活。

——電影導演史蒂芬．史匹柏

自從《IDEA物語》一書出版之後，我很高興看到企業組織用語有了一個新熱潮。全世界有數百家企業已經肯定種子角色在創新上的重要性，於是設立了「創新副總」、「創新長」，以及，是的，「創新總監」等職位。這些職位和頭銜，就像「財務長」或「營運長」一樣，是一種不言自明的肯定，肯定企業創新的指揮領導工作，對企業的長期健全發展非常重要。

你知道導演是什麼。他負責安排生產、製作場景、網羅最佳男女演員、修飾專案或公司的主題、建立組員之間的相互關係，並且完成整個工作。我們公司很幸運能夠找到艾薇．羅斯（Ivy Ross）加入我們，她是個很有才華的「導演」，在美泰兒主導一個極為驚人的創新案，稱為「鴨嘴獸」。她在該公司劃出一大塊地方作為專案使用的空間，把美泰兒頂尖的設計好手和專案領導人從他們的工作中徵調出來十二個星期，讓他們沉浸在精力充沛的原型製作中，進行豐富的觀察和各種特殊的活動。他們參加一些不錯的群組即興會議。他們經常用我們最喜愛的海綿彈弓火箭相互射擊。他們在遊戲當中產生了許多的看法，讓案子得以向前推進。

到了第十一週，美泰兒有一些高階主管已經快要失去耐性了。但是當鴨嘴獸小組為美泰兒開發

一名創新導向的導演只花了三個月的時間，就幫美泰兒的鴨嘴獸小組創造出一套全新的產品平台。

出第一套新女童玩具平台時，他們的疑慮就一掃而光，這套玩具平台稱為艾蘿（Ello，就好像「向艾蘿說哈囉」），在推出當年，銷售額即超過一億美元。

選擇你的品味

在IDEO，導演的風格不止一種。我們採取獨立製片的方式——如此，我們才有空間來容納各種不同的導演，從冷靜自信的比爾．莫格理基（Bill Moggridge）到狂熱分子柯恩（Coen）兄弟。就以IDEO的比爾．莫格理基來說吧，他就是靠他的個人風格成功的。好幾年前，他輕輕鬆鬆地，從無到有創造了我們的實務知識系列講座——把星期四會議的規劃籌備工作交給許多位IDEO的「管理人」，這些人很喜歡比爾，因而樂於推薦像瑪爾坎．葛拉威爾、傑夫．霍金斯，和史帝文．丹寧等這樣的

史丹佛新設的設計學院把「設計思維」應用在企業界。

人來開講。馬基維利（Machiavelli）的名言「受到敬畏總比受到愛戴好」，莫格理基獨自證明這句話是錯的。他用個人溫情來讓人們為他工作。

我自己從我哥哥大衛這二十七年來在ＩＤＥＯ的一言一行中，學到了不少導演這個角色的東西。也許，「接觸性傳染的熱情」這句話最能夠描述大衛的風格。他非常善於協助人們掌握良機，也能提供機會讓人從失敗中走出來。他啟發了無數個ＩＤＥＯ人，現在，也在史丹佛做同樣的事，創辦一所新的設計學院（有些人已經稱之為「d.school」，和史丹佛知名的商學研究所——「B-school」分庭抗禮）。

我們不像電影裡所描繪的設計師，在ＩＤＥＯ，你幾乎看不到過度膨脹的自我意識，部分原因是我哥哥和他所親選的接班人，提姆·布朗執行長所定下來的基調就是這樣。提姆還表現出內斂的自信，保留足夠的空間讓其他的領導人能夠有所成就。他更新了我們的創新程序，把工作重點放在市場導向的實務上。

這幾年來，我所接觸過的客戶中，有一位傑出的「導演」，名叫克勞迪亞．卡其卡（Claudia Kotchka），她是寶鹼公司的設計、創新，和策略副總，《財星雜誌》最近稱她是「本世紀最強的設計長」。克勞迪亞的直屬上司就是執行長A．G．雷富禮（A. G. Lafley），她是寶鹼成功的最新祕密武器之一。克勞迪亞善於扮演人類學家和共同合作人的角色，她靠的可不只是她在職位上的權力而已。她只是運用個人的特質來誘導、說服，和拉攏大家，讓大家用她的方式來看待事物。她的建樹非常多，其中之一是建立企業創新基金，然後請寶鹼全球事業單位的經理人提出「值得解決的問題」——就是那些讓他們晚上睡不著覺的問題。她否決掉百分之九十的建議案，大多是因為她認為這些問題「不夠難」，但最後整理出一份偉大的專案表列，要大家共同努力。我們認為寶鹼已經建立了以創新為動力的策略，遲早會有所成就。

成功導演的五項特性

1他們把中央舞台讓給別人

導演心甘情願讓鎂光燈投射在別人身上，對幕後工作的知識充滿信心，有把握讓整個生產工作順利完成。（除了奧斯卡頒獎之外，你絕對看不到法蘭克．卡普拉〔Frank Capra〕。）

2他們喜歡尋找新計劃

當需要發生時，導演樂於自告奮勇領導眾人，而且，他們視團隊之人與人的關係為成功計劃不可或缺的一部分。他們盡可能找來最佳的人選以組成最佳團隊，有時候還願意為了配合適的演員而延遲計劃或是改變計劃。

3他們勇於接受困難的挑戰

電影業的歷史（就和企業史一樣），充滿了長時工作、拮据的經費、緊迫的期限，和無法避免的挫折。導演知道整個過程會充滿困難，但勇於接受挑戰。

4他們有遠大的目標

導演追求大膽的揮灑，並且提出看起來很困難、甚至於不可能達成的目標。然後他們努力以赴，讓夢想成真。

5他們使用大型工具箱

為了即時解決問題，導演隨時都願意採用任何一種他們所能運用的技術、策略，和資源來創新。導演熱愛意想不到的事物。

在好萊塢，能夠指導演員和工作人員抓住觀眾想像力的人，首推史蒂芬・史匹柏；而在企業界，這個角色就落到賈布斯的身上，他證明，他能聰明地激發團隊，創造出「大到讓人瘋狂」的東西。這二種「導演」都有能力讓他們的團隊發揮最大的能力，通常他們都帶著足以感染別人的熱忱，激勵隊員和專案小組，達成非凡成就。

在創新的世界中，導演這個角色比其他角色都還要複雜而微妙。也就是說，從幾項基本事實開始很重要。導演第一個，也是最重要的工作就是在目標的大方向之下，維持工作進度一直前進。導演必須確實掌握住業務的基本狀況——不論他們是在拍電影、提供服務，或是創造客戶的體驗。你所要負責的不只是今天的運作而已，你還要確保明天沒有問題。你必須經常拿出魄力開發新案，一個創新案才剛完成，就馬上去探索另一機會。

當然，導演工作最關鍵的部分就是起頭：爭取案子、培養創意文化，和孕育構想。導演和其他的角色不同，因為他們的主要目的在啟發和指導其他人、發展團隊裡的人際關係、追求策略上的機會、並且產生創新動能。

好萊塢有一句老諺語說：「導演工作有百分之九十是在選角。」偉大的導演所建立的團隊，其人員很少需要指導，他們自己懂得舉一反三。

好萊塢有一句老諺語說：「導演工作有百分之九十是在選角。」偉大的導演所建立的團隊，其人員很少需要指導，他們自己懂得舉一反三。導演能在一無所有中創造出東西。即使沒有得到正式授權，他們還是可以組成一個專案小組，並鼓勵小組成員。

啟動創新

在ＩＤＥＯ，有時候大衛．黑固德會扮演導演的角色。你一旦找他擔綱，他就會自己料理一切事務。黑固德相信，和主角會面的時間就是創新案的催化劑。他和他的團隊就是有本事把我們弄到大公司高階主管的面前。當然，只有當關鍵的決策人員達成共識時，才可能產生理想的合作和合夥關係，但我們都知道，要找這些人來開會可不是一件容易的事。傳統的方法（像是冒昧地打個電話或是匆匆寫封電子郵件）通常沒什麼用。但導演可以搞定這些事。

沒多久前，大衛曾經拜訪過一位汽車製造廠層級非常高的主管，向他做公司簡介。這次的效果很好，該公司雇用ＩＤＥＯ針對一些新內裝的觀念，做試驗性的專案。黑固德從會後的即席討論中得知，這位高階主管下個星期會去拉斯維加斯參加一個汽車研討會。這種小細節一般人可能會左耳進右耳出。但黑固德覺得這是個機會。

他覺得這個案子在客戶關係上真正需要的是我們的資深領導人親自和這位汽車廠主管談一下。但這樣的會議可能要花好幾個月的時間來安排。因此，到了下個星期，黑固德鋌而走險，說動我們的執行長提姆．布朗和他一起搭飛機到拉斯維加斯去。黑固德沒有預約也沒有固定的行程。他冒的險可能不只是讓自己難堪而已，連公司的最高主管也要遭殃。（我以前在奇異工作時，看到一位帶領我的前輩，就是因為犯了類似的錯誤而遭到革職。）事實上，由於整個研討會不對汽車業以外的人士開放，大衛和提姆還可能會吃到閉門羹。

經過一連串意外和堅忍不拔的精神，黑固德和提姆．布朗用盡各種手段，終於在那名主管從視訊會議出來時，和他「不期而遇」了。這位主管看到黑固德似乎真的很高興，建議大家一起到該公司的招待所喝兩杯。由於他自己也沒去過該公司的招待所，結果有點諷刺，竟然由黑固德帶著他走。這個臨時的會議進行得相當順利，也為我們二家公司建立了良好的關係。沒錯，這不是一般的商業手法，但我們的重點也不在於這種方法所爭取到的好案子有多少個。這個幸運會議啟動了雙方的共同合作。而這位汽車廠主管也很高興有機會能夠和提姆見面，親自聆聽他對工作的看法。

我不是要建議你養成習慣，搭飛機到遙遠的城市，靠運氣和重要客戶碰面。但大衛．黑固德的進取心和機智值得大書特書。大家都知道，光是寄一份正式的簡介資料過去是幾乎沒用的。對客戶傳統的簡報需求作回應也是同樣情形。在尋找新事業，或是培養新關係時，你必須用更有創意的方法來爭取關鍵人物的寶貴時間。用機會的角度來思考。我懷疑大衛・黑固德是否會因為害怕失敗而睡不著。這也許是製造良好第一印象的第一步——也是建立深入關係，得到案源的第一步。

從腦力激盪開始

當我對企業界人士演講時，無論是在歐洲、亞洲，或是美洲，關於創新，最常被問到的問題是「我們該從何處著手？」創新的挑戰，有時候似乎顯得非常複雜而模糊不清，以致於企業有時候對如何開始感到困難重重。如果你發現自己是個「導演」，要負責啟動一個案子，我相信最簡單而且能快速得到創新效果的方法，就是在企業裡舉辦連鎖反應的腦力激盪。

為什麼是腦力激盪呢？因為腦力激盪很好玩，讓人精力旺盛。而且就我所知，和其他方法比起來，更能夠鼓舞士氣、更快產生效果。記得要把開始時的進入障礙保持在相當低的水準，從一些你認為可以正確處理的問題開始。腦力激盪文化一旦建立，培育創新文化的工作，就已經有一個很好的開始。

你可以在你的組織裡試試下面的簡單計劃。在不同的議題上推出一系列的腦力激盪，任何議題都可以，從如何減少客戶的等待時間，到如何對一個空辦公室做有效運用。開始時的主題並不重要，因為你最初的目的只是要增加創意提出的比率。接著，你就可以找比較難的問題來進行腦力激盪。

接下來的六個月中，你可以每星期舉辦一次供應午餐的腦力激盪會，或是在發薪日（大家情緒最高時）進行腦力激盪。每次開會都要找一個善於主持的人——一位充滿自信和精力的人。接著，集合五到十個有興趣的人開會（每次開會最少要加入幾個新面孔）。找一些有跨領域專長的員工，最好是外向而且思想敏銳的。提供披薩或三明治，加上讓人忍不住想吃的「獎品」食物，像是M＆M或是巧克力餅乾。（我是個奉行健康飲食的人，但有時候一盤新鮮的餅乾真的可以讓人精神大振，增加腦力激盪的效果。）還有，房間裡要放許多各種顏色的馬克筆、利貼貼紙等東西，以便記下大家所想出來的創意。

如果你是小組或是公司的最高主管，要很清楚地讓每個人知道，你全力支持新計劃。我建議你參加會議的前幾分鐘，那正是說明腦力激盪主題的時候。然後，趕快離開（我認為這是腦力激盪初期最脆弱的萌芽階段，非常重要）。如果你想要留下來和大家分享你的企業知識，我認為在非常多的案例中，高階主管或是執行長參加討論會得到反效果。

不論你在組織裡的角色是什麼，不妨看一些腦力激盪的有趣故事，我在《ＩＤＥＡ物語》一書，詳細介紹了腦力激盪的基本原理，你可以參考看看。還有，記住，熟能生巧。一開始也許有些地方不是很順。偶爾，你還會碰上恐怖的「死氣沉沉」狀況，整間房子非常安靜，把會議中小組的創意能量

腦力激盪可以供應燃料給你的創新引擎。

都吸乾了。你可能也會明白，有些傳統的經理人在腦力激盪時真的是很不自在，但其他人在這方面可是潛力雄厚。漸漸地你就會知道誰能夠幫忙把最好的點子畫出來（以及誰是暫緩判斷的頭痛人物）。由二到三位優秀而有能力的主持人構成一個核心，可以讓好點子源源不絕——在每次發薪水的時候。

下面介紹一些這種新腦力激盪計劃所發揮出來讓人意想不到的功效：其效益超過你當下所想出來的點子。定期做腦力激盪對組織很重要，就如同定期運動對身體健康的效果一樣。定期做腦力激盪可以創造出敏感而創新的文化。史丹佛教授巴布．塞頓記下了幾個企業定期做腦力激盪的明顯效益。我最喜歡的是下面這幾則：

○腦力激盪支援你的組織記憶

你不可能要求公司裡最有經驗的人一直參加你的專案小

組，但你可以請他們來參加一小時的腦力激盪，吸取他們在組織上的知識和專業。經由腦力激盪，小組可以從過去、現在和未來，探索可能的解決方案，而這些方案，經常要用到公司的記憶和情報。流暢的腦力激盪技巧能夠轉化成高度的敏銳性，提升面對新挑戰的適應能力，進而期待新挑戰。

○腦力激盪可以強化智慧的態度

在第三章提到，一方面對自己的知識有信心、一方面願意聽取和自己的世界觀相左的想法，在這二者之間取得健康的平衡，就是智慧的態度。經常參加腦力激盪可以強迫你用智慧來配合其他人的創意思維，讓你瞭解，其他人的構想可以改善你的構想。這個過程有時候也許要謙卑一點，但可以讓你更有智慧。

○腦力激盪創造表現機會

有創意的腦力激盪不只是刺激好玩而已，自由發揮的氣氛，還能讓所有的人都有表現機會。各種不同專長的人一起做腦力激盪，你就有機會觀看別人的表現——同時也有機會讓別人看到自己的表現。創意十足的人，在密集的腦力激盪環境中表現卓越，因而獲得賞識，否則，沒有腦力激盪，這些人也就被埋沒了。腦力激盪強化了他們的個人品牌。

腦力激盪的七項要訣

這裡整理了幾項調整腦力激盪的重點：

1你的焦點要調清楚

從清楚描述問題開始，問題不要定得太死，但也不要太廣。把焦點集中在特定的潛在客戶需求，或是討論一下客戶的消費經驗，通常可以在會議中激發出許多好點子。例如，「我們要如何讓第一次來這裡的客人留下更深刻的印象？」就是個對許多企業都很有用的問題。

2注意活動規則

我們已經把我們腦力激盪的規則印出來，高高掛在各個會議室：「追求品質、鼓舞瘋狂的點子、要看得見、暫勿評斷、不要私下交談」。我們發現，即使在討厭教條的文化裡，這些基本原則仍然兼具教育意義和權威性。

3算一算你有多少個點子

計算出點子的數目可以激勵參加人員、設定步調，並加上一點點結構。每小時提出一百個點子是良好而流暢的腦力激盪徵兆，因而，即使到了九十四個時大家已經筋疲力盡了，人性上都會加把勁至少再擠出六個點子來。

4換個方式重新出發

即使是最好的腦力激盪員也會遇上停滯期。你們想出一小撮的點子之後就開始重複或是衰竭。這時主持人可能要建議大家「換檔」了：「我們要如何來運用這些點子……？」稍微做一點改變再繼續努力，或是回到前面不錯的點子上以保持節奏，振作起來。

5記得要利用空間

利用實體環境讓你的腦力激盪更有效。讓你的腦力激盪展現出具體形狀，放滿空間——用馬克筆在大型的利貼貼紙上寫下或畫出你的觀念，貼在每一面垂直的地方。用簡單的媒材把你的構想做成看得到的東西，好讓每個人都能分享。你可以利用空間記憶的強大力量引導參加人員回到正軌。

6先拉筋

要求參加人員在前一天晚上先針對主題做點功課。玩一下輕鬆活潑的文字接龍遊戲讓大家把思緒清一清，拋開讓人分心的日常瑣事。我們仿傚即興演奏界的作法，通常會從某種熱身動作開始，像是自由聯想，我先拋出一個字或一個點子，然後另一人立即加以變化，再拋給其他人。運動員要先拉筋。腦力激盪員也一樣。

7要具體

在IDEO，我們用發泡材料、管子、膠布、熱熔膠槍，和其他原型製作的基本工具來描繪，做成圖表和模型。我們有幾位優秀的腦力激盪員可以很快地用粗糙的原型，把模糊的概念表達出來。

從一個響亮名號開始

腦力激盪只是導演工具箱裡眾多工具中的一項而已。另一個經常被忽略或低估的機會就是名稱的威力。替你的團隊、專案，或是新產品取一個聳動而響亮的名號可以大發神威。計劃名稱取得好，可以在顧及工作內容機密下，讓組員有個共同瞭解的圖像。例如，IDEO的Palm V計劃就命名為「剃刀」（Razor），提醒每個人我們的目標是找出輕薄優雅的東西。「溫室」（Greenhouse）是一個跨國企業重建品牌的計劃，「哈馬奇」（Hamachi）是幫一家日本公司打入全新的市場。我再給你一個提示：有個好名字的案子，大多數還會去做一套顯眼的團體T恤以建立向心力。

命名的過程（不管是為計劃、產品，甚或一本書取名字）很少是馬上就可以完成的。通常你必須想幾十個才會找到一個好名字。有時候，不妨把你希望創造出來的基本構想，拿出來和別人談一談或是寫下來，再看看名字是不是符合你的期望，或是接近你的期望。

歷史告訴我們，好的名字會大賣。沒幾個人記得「無鉤縫帶」（Hookless Fastener）這個名字，但是當古德利奇（Goodrich）在一九二〇年代把它換成Zipper（拉鍊）時，事實上就已經成功在望了。當該公司發展出奇蹟時，古德利奇總裁在報告中說道：「我們需要的是一個行動上的字眼……描述產品神奇的拉合（zip）動作。何不就乾脆稱為Zipper！」

有時候，最不合適的名字反而會成功——如果這名字本身就很有力量。離我俄亥俄州家鄉不遠的地方，有一家家族企業，名叫斯馬克公司（J. M. Smucker），以生產花生醬和果凍聞名。這家樸實的公司，多年來用一句自我調侃的標語作廣告：「用斯馬克這個名字，東西必須要很棒才行。」但事實上這名字古怪得很討喜。這個名字當然很特別，甚至還兼具擬聲的效果——暗示著花生醬一時塞在上顎，和舌頭摩擦所發出來的咂嘴聲。對美國人而言（全世界最喜歡吃花生醬的就是美國人），這個名字——和這個聲音——勾起人們童年的美好回憶。

談到不合適的名稱，加州有一個自行車競賽的故事，告訴我們你不能老是靠直覺來判斷哪些名字會被市場接受，哪些不會被接受。二十年前，這項每年舉辦一次的嚴酷比賽（要騎一百二十九英里，翻過四座山），只吸引了少數願意勇闖困境的精英參加。但後來主辦單位把名稱改為「死亡衝刺」（Death Ride），從此就享受著人滿為患的樂趣。顯然，這個殘忍的名字吸引了鐵漢心理的長途自行車選手。現在每年大約有六千名選手申請二千六百個名額。我懷疑你會想要把比賽的名稱取為「死亡衝刺」，但如果稀奇古怪的名字能夠吸引大家爭相排隊，參加你所舉辦的活動，那就值得花點時間和金錢去好好找一個。

消費者在汽車還沒設計出來之前，就能告訴你命名為Viper的車子跑得比Lumina還快。

多年來，我碰過幾個以命名為業的人，我發現他們的工作既奧妙又迷人。馬克・賀雄是位於瀟灑麗都品牌規劃公司「熬」（Simmer）的編劇兼社長，也是萊思康品牌規劃公司（Lexicon Branding）負責黑莓（BlackBerry）、速易潔（Swiffe）、PowerBook、奔騰（Pentium）、昂視達（OnStar）、和速霸路傲虎（Outback）等命名小組的主要成員。「命名時，科學、藝術，和靈感三者同等重要。」馬克說道，他曾經幫我做了幾個命名服務。「這個怪東西橫跨了即興表演和詩——雖然是非常短的詩。」

結果，不只是名字本身有意義，連名字裡的個別字母在文化上也有特殊的暗示。例如，像萊思康創辦人大衛・培席克（David Placek）這樣的職業命名者會告訴你，字母v和z隱含著速度的意思，而一些中間的字母像l、m和n則代表緩慢舒適的聲音。消費者在汽車還沒設計出來之前，就能告訴你命名為Viper的車子跑得比Lumina還快。

名稱對幾乎任何新產品或新服務都能產生很大的影響。我們相信任何值得花工夫去開發的東西，都值得命名，所以，除了已經提過的計劃名稱，IDEO還有一大串的名單用在各種場所（例如：觀景廳和青草坡）、計劃（實務知識和創新種子計劃等）甚至於角色上。這二十七年來，IDEO曾經參與過許多名稱響亮的產品——耐吉的萬磁王（Magneto）高性能太陽眼鏡、鋼櫃公司（Steelcase）符合人體工學的跳椅（Leap）、稱為「間諜魚」（Spyfish）的水底遙控照相機、拍立得的iZone相機，甚至還有在開發中國家使用，廉價耐用的水泵，稱為賺錢機（Money Maker）。好的導演在為團隊、計劃，和新服務命名時會加入趣味和活力。不會用平淡乏味的一般商業用語。用出色的名字做實驗和原型。放輕鬆，玩一下命名工作，注意那些活力十足的名字。即使在今天，像「無鉤縫帶」這樣的名稱依然對你沒什麼幫助。

試著變出個響亮的名號吧。

把握當下

IDEO有幸能夠擁有豐富的人才，而且我們這行，需求總是超過供給。然而在二〇〇〇年不景氣時，我們帕洛奧圖市辦公室的領導人畢田茂（Tim Billing）發現公司的案量變少了。在大多數的專業顧問公司，培養新客戶這個責任應該由資深合夥人來扛，但畢田茂把當時的困境告訴他的團隊，要大家多留意一下各種機會，幫公司的忙。帕斯卡・薩布爾（Pascal Sobol）是畢田茂手下的一名二十四歲工程師，從未參與過公司裡任何業務開發工作，但他還是找到方法幫了公司一個大忙。帕斯卡是土生土長的德國人，那天中午吃飯時跑到戴姆勒克萊斯勒（Daimler-Chrysler）位於北加州的技研中心——離我們帕洛奧圖辦公室只有幾英里而已。帕斯卡用德語和接待人員搭訕，聊一些他小時候在斯圖加特（Stuttgart）成長的事。他知道戴姆勒有隔夜快遞把包裹送到德國。他的父親過去曾經任職於德國的戴姆勒。不知道他們願不願意幫他把一個小包裹快遞給他父親？

當了一次不速之客之後就有第二次，沒多久，帕斯卡就認識了幾個技研中心的人。「有一天帕斯卡回來，」畢田茂回憶說：「他說：『嘿，我已經和戴姆勒賓士安排好一場會議了。』」我們去那裡向管理團隊做簡報，並且接到戴姆勒二個小案子，後來還衍生出大案子。這全都是因為一位大學畢業沒多久的資淺工程師，有足夠的信心和機智，運用他的德國背景和戴姆勒搭上了關係。帕斯卡當然沒有事先報備。他的老闆第一次知道他利用中午吃飯時間去拜訪戴姆勒的時間點，就是他說他已經安排好要和這家知名的億萬級大公司開會的那次。

很多公司都很幸運，至少會有幾位帕斯卡。但比較大的困擾是，你公司裡的導演是否真的能夠給他們機會去證明他們的膽識。你會獎勵主動嗎？你會如何鼓勵有生產力的冒險行為呢？

人才市場

像我們這種接計劃的公司，導演的工作重點就是把手上的人力資源配置到各個專案小組。搭配專長和個性，組合成妥善的團體結構，這個工作很棘手，但沒有任何工作比這件事更能讓組織健康、充滿活力。對許多公司而言，人事會議或資源配置會議可以決定一個人職位的升貶——然而，胡亂組合一群人則可能把案子搞砸。許多不錯的點子可能就在你公司裡。你必須把必要的人力資源投資於此，才能把點子化為實際成果。

我承認我們很早以前就精於此道，但我們至今仍認為，我們每週的人力資源會議還不夠成熟。這裡，我將介紹幾項我們認為可以讓這類會議更為成功的戰術元素。首先，找一個開放空間來開這個會，和會議室正好相反——你希望更多的人參加，並且少打官腔。開放空間可以增加過程的透明度，減少小組間的焦慮，有助於他們支持你所做的人力配置決策。我們還注意到，如果有二名，甚至於三名主持人，則可以避免討論陷入僵局。此外，還要有一名議程管理人，確保大家按議程開會。以及整理或記錄人員，把人員配置的決策記下來。最後，還要有一位仲裁人，一旦發生爭執時，能釋出一些正面的言論並平息爭端。

豐富而多元的簡報媒材也很重要。我們交互運用白板、海報，和投影機來創造一個更具互動效果的環境。將來也許會有這種互動效果的數位化整體解決方案（像電影《關鍵報告》〔*Minority Report*〕裡湯姆．克魯斯在一個大螢幕上操控資料），但在現有的技術之下，我們發現綜合各種實體工具和電腦系統就可以產生不錯的視覺效果和群體導引過程。

在進行人員配置時，聰明的公司會避免把人員的專長定得太窄。很多人會誇耀，除了正式的專長之外還有許多不同的天分和技能。在可能的情況下，尋找這些附加的專長並善加運用很重要。例如，如果知道某人以攝影當副業，我們就會派他到某個案子負責建立影像資料庫，以協助後面的故事說明工作。或是如果我們知道某人是個腳踏車迷，我們就會派他去參加和健康有關的案子。

每個步驟，我們都試著讓過程個人化，我們抱持一個想法，認為這些決策會影響別人的生活和工作，而不只是把人塞到空位上就了事。人力資源怪才麗莎．史賓塞（Lisa Spencer）有一天想到了一個聰明的點子，把員工的照片（從內部網路上抓下來）貼在磁鐵上，突然間，會議主持人幾乎就可以在白板上的計劃表，抓取或移動員工的影像。除了照片之外，磁鐵上還寫著員工姓名、專長、地點，和其他事項。照片為每星期的人才市場，增加了另一個視覺空間。團隊最重要的就是成員之間的相互關係。照片讓你在組一個好團隊時能先看到成員。

在一個靈活而變動快速的組織裡，人力配置會議每次都不會一樣。有些會順利開完，有些卻卡在一個案子上。把這個會議當成一個原型會好一點，定期檢討哪一部分做得不錯，哪一部分卻行不通。你必須兼顧個別員工的升遷問題和公司利益。要平衡各專案間人才配置的模糊目標並不是一件容易的事，但如果你做對了，成果相當可觀。

期望設定

著手進行一系列創新計劃之前，設定期望很重要。你公司對這件事的重視程度如何？這裡有七個問題，我們認為可以協助公司做好推動新計劃的準備工作。回答這些問題，將有助於你在面對未來的困難時，有所準備。

○你公司對成功的創新計劃如何定義？

○你的組織如何在創新過程中挹注資金？

○有哪些企業資源（員工、空間、技術等）可以用來支援你的工作？
○和你的創新案有利害關係的團體多久開一次會進行檢討？
○你一年要支援幾個專案小組？你多久讓這些小組聚一次？
○你創新案的員工可以獲得多少後勤支援（正常工作以外的時間、原型製作工具、行政支援等）？
○參與本案的人員可望得到什麼獎賞或肯定？

注意你回答這些問題的方式。如果你要掙扎一番才能答得出來，那麼，你的創新計劃可能會缺乏組織上和後勤上的支援。一個好導演會盡其所能把優勢交給他的創新小組。說服你公司的高階主管，取得財務和企業上的資源以助你一臂之力，讓你的創新計劃順利成功。

瞄準機會

導演會聰明地配置資源。有時候，大家會傾向於認為某些挑戰已經超出團隊或公司的能力或資源範圍。而創新的神奇之處，正可在此展現。如果你能正確瞄準問題焦點，就可以發揮投資的槓桿效果。讓很多事因而成為可能，超乎你的想像。

我們來看看巴西的故事，在我們的印象中，這個國家有壯麗的海灘、了不起的足球員，和浩瀚無垠的雨林。一般人談到這個生氣蓬勃的南美洲國家時，很少會去想到領先全球的科技——更不用提商業化的科技了。沒幾個人猜得到巴西竟會在政策上和產業上採取大膽計劃，成為領先全球的基因研究中心。但一九九〇年代末期，巴西政府做了明智決定，在重要而可控制的挑戰上，發展該國初期的生技研究計劃。巴西研究人員所選擇的初步目標很理想——一種相當簡單的細菌，卻有著二種特性：只含三千個基因，而且是影響巴西大柳橙收成的主要原因。巴西很快就把苛養木桿菌（Xylella fastidiosa）的DNA結構定序出來，引發爾後更多的突破。於是另一種細菌DNA結構也定序出來——一種威脅加州釀酒業的細菌。

巴西在這領域的突破極為迅速，進而發展出一種和大多數工業國家明顯不同的解碼新策略——「開放讀碼區表現序列標幟」（Open Reading Frame Expressed-Sequence Tags）。沒多久，巴西就解出八萬個序列的甘蔗DNA（甘蔗為該國另一項主要作物），然後，在二〇〇二年初，研究人員開始進軍艱鉅的咖啡豆。

喜歡喝爪哇咖啡的人應該聽過，二〇〇四年末，巴西破解了咖啡豆的基因密碼。「這等於在咖啡基因的解碼競賽上，至少領先二十年。」當時，巴西農業部長羅貝托・羅德里格斯（Roberto

Rodrigues）驕傲地宣佈這件事，預言「超級咖啡」指日可待，將為全球帶來大風暴。

毫無疑問這是巴西的一大創新。該國的咖啡產值為三十三億美元，雇用八百五十萬名巴西人。有趣的是，巴西已經下令禁止種植和銷售基因改造作物。但他們已經找出三萬五千個代表各種性狀的咖啡基因，包括：香味、咖啡因、維他命，和口味等，他們可以「異花授粉」，育出超級品種。他們也將領先世界各國。

巴西從簡單的開始——為橘子和葡萄的病菌做DNA定序——結果在DNA上有相當的發展。對一名好導演來說，這是個相當了不起的想法，從簡易處著手，但終能建立重大的創新機會。

你世界裡的咖啡豆挑戰是什麼？有哪個計劃在你的能力範圍之內，今天就可以做，讓你在長期目標上踏出第一步？

如果能在白天好好地小睡一下，也許你會有二個高峰，就好像一天有二個早晨一般。

為成功而睡

過去二十多年來，在IDEO擔任過導演角色的人都知道，早上做腦力激盪的效果最好，因為那時候的精神和創意似乎是一天的最高峰。我們一直到最近才想到，如果能在白天好好地小睡一下，也許你會有二個高峰，就好像一天有二個早晨一般。我們還沒做任何的科學研究，但這似乎值得探討。沒錯，歷史上某些最多產、最具創意的人也有白天睡覺的習慣。

從愛迪生到邱吉爾等傑出人士都證明，好好地打個盹能夠讓精力恢復。邱吉爾從早上開始，先工作五小時。接著要一直工作和開會，直到晚上，而且經常做到半夜二點，中間則夾著心愛的午餐時間，和足夠的午睡。愛因斯坦說，小睡一下可以「讓頭腦清醒」，並且讓他更有創意。布拉姆斯在鋼琴上打盹，達文西則是在畫畫中小睡一下。

今天，雖然絕大多數的企業並不認同白天睡覺，即使接受也視其為難登大雅之堂的東西，但科學已經明確支持打盹的力量。NASA相信小睡一下的效果，而且最近有許多研究顯示，打盹對消除疲勞有神奇作用。哈佛一項研究顯示，白天小睡一下可以減輕「資訊超載」的問題。小睡一下似乎可以改善頭腦在各種工作學習和記憶整合上的能力。

我個人深信小睡一下的效果，而且我覺得很幸運，我的作息能夠允許我在必要時趴下來小睡個二十分鐘。結果，我意外地發現，二十分鐘是個魔術數字，至少在企業界如此。似乎這是最佳的打盹長度，讓你醒來時，精神也恢復過來，但不會覺得全身無力。

好好地打個盹、或是睡一下可以進入禪的境界。有時候，在一個重要會議或是簡報中，想要好好表現的最好辦法就是在開會當中打盹。聯合太平洋公司（Union Pacific）稱打盹為「疲憊管理」

甘迺迪、富樂，和愛迪生都是善於打瞌睡的偉人。

（Fatigue Management）。鐵路業過去一向嚴格禁止打盹。現在則認為打盹是積極創新的政策，可以減少意外發生。

幾年前，位於康乃狄克州布里斯托（Bristol）的亞迪金屬公司（Yarde Metals），其總裁奎格・亞迪（Craig Yarde）注意到公司裡三百三十名員工當中，有些人會跑到車上，或是在辦公桌上小睡一下。他沒有開除他們（甚至也沒用電子郵件憤怒地發洩一下），亞迪把這些員工找過來，問他們是不是需要一個舒服的地方來打盹。員工（當然）說要，現在，他們有個「小睡房」，裡頭有半私用的躺椅，他們隨時都可以進去使用。

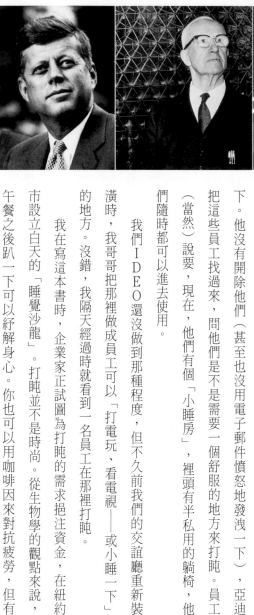

我們IDEO還沒做到那種程度，但不久前我們的交誼廳重新裝潢時，我哥哥把那裡做成員工可以「打電玩、看電視——或小睡一下」的地方。沒錯，我隔天經過時就看到一名員工在那裡打盹。

我在寫這本書時，企業家正試圖為打盹的需求挹注資金，在紐約市設立白天的「睡覺沙龍」。打盹並不是時尚。從生物學的觀點來說，午餐之後趴一下可以紓解身心。你也可以用咖啡因來對抗疲勞，但有時候，最好的方法就是小睡個十到二十分鐘。

你還是認為上班時間睡覺很奇怪嗎？報告說尼古拉・特斯拉（譯註：Nikola Tesla，美國發明家，1856-1943）晚上只睡二小時，靠白天經常打盹來補眠。愛迪生晚上只睡五個小時左右，白天則會小睡一下。柴契爾夫人、甘迺迪，和富樂（譯註：Buckminster Fuller，美國建築大師，1895～1983）都是善於利用小睡的人。

如果你願拋棄偏見、或是先入為主的看法，你就能清楚地想像，在有企圖心且有創意的人手上，打盹成了有力的工具。要如何在企業環境中打盹，我可沒有什麼好方法，但我相信，當我們談到創意工作時，小睡一下可以讓你思慮清明。所以，不管你的事業是什麼，記住，導演除了集結一群人才之外，要讓計劃成功，還必須考慮另一種要素。想個辦法確保你的團隊有機會自行充電。這項成本對你公司而言可以忽略，而其效益可不只是提升生產力而已。我認識不少的創意型作家，說他們在腸枯思竭之下睡著了，醒來之後——瞧——他們想出方法了。

接受我的建議：在睡夢中考慮看看。

深潛以完全浸淫

幾年前，IDEO自認為是全美國第一家，也是最重要一家產品開發公司，我們開始發展所謂的「深潛」（Deep Dives）工作。深潛的想法是在計劃開始時，把我們自己沉浸在觀察、腦力激盪，和原型製作中——以加速創新過程。在深潛當中，整個小組有幾天暫時把其他的事拋開，把全副精神投入到密集而令人振奮的探索中，以解決特定的挑戰。我們最有名的深潛也許就是ABC新聞的泰德·卡柏團隊所設計的案子，這個節目有上千萬名觀眾：在四天內設計出更好的購物車。

現在，我們的導演瞭解深潛還有另一項好處。導演的工作到現在還是離不開激情——用能量和熱情，專注於特定的問題上。但隨著我們的工作變得越來越複雜，而且和大型企業及組織所進行的合作也越來越多，我們注意到另一項效益。密集的過程會把大家結合起來。誠如我們倫敦辦公室的莫拉·謝亞所言，深潛可以建立共識。當然，你在深潛中會想出許多新點子，她說。但同樣重要的是，密集的過程也許能夠改變公司的精神。

組員親自體驗新點子。他們沉浸在設計過程中——進行第一手觀察和測試，並親自製作原型。深潛可以很容易地在組織裡推動構想——進而讓大家採用。有了深潛，就不需要說服工作。合作的速度和深度會消弭典型的「我們／他們」思維。小組成員用新的眼光來看環境和問題。問題變成如何改變，而不是要不要改變。

導演可以在直覺上瞭解建立這些情感連結的重要性。畢竟，我們是人。探索新構想並不只是做出更好的東西或服務而已。而是與改變人們的行為，和態度息息相關。這也許是創新上最重要的一步。

熟識孕育誠實

我最近有機會碰到羅伯・賓馬司奇（Robert Benmosche），他是美國最大保險公司，大都會人壽（Metlife）的董事長。賓馬司奇經常和大都會人壽的職員開「市政會議」，目的只是希望在這家巨型企業裡多一些溝通管道。「我瞭解你越多，」這位魅力十足的董事長對大都會人壽的「生意頭腦」小組（Business Acumen group，我也在這個小組裡）說道：「你們在對我回饋、甚至於批評時，就越感到自在。」而他們也的確給他回饋，這個小組用充滿挑戰性的問題叮得他滿頭包。有多少高階領導人能有這樣的胸襟和自信，把他們的一大塊時間留給基層員工，讓員工恣意批評？在大都會人壽的案例中，增加溝通似乎發揮了作用。賓馬司奇第一年改善了業務和員工士氣之後，於二〇〇〇年讓公司股票上市，然後股票還漲了一倍，不受當時空頭市場的影響。有誰還敢說他是在浪費時間呢？也許賓馬司奇老早就想過了，他和團隊所建立的關係會帶來無形效益，但最終將以有形效益的方式呈現，轉化為長期的損益數字。

你的團隊裡有一、二位創新導演嗎？有沒有一個人擔任催化劑，經年保持創新不斷？支持創新是公司裡每個人的工作，但還是值得去找幾個人全心全意扮演好導演這個角色。

你會是公司裡的那個人嗎？或是在專案小組中，表現得有如一位導演？這個角色並不需要正式授權。如果大家都說你對創新有一份熱情，你對新點子總是充滿了興趣，沒多久，你就會發現，大家一旦要積極變革時，馬上就會跑來找你。

7 體驗建築師

對大多數公司而言，「附加價值」不論大小，全來自客戶體驗的品質。

——湯姆·彼得斯

踏進沃達豐（Vodafone）里斯本辦公室驚人的大廳時，你能夠從窗子看到一個反射池，上面有個四公尺高的巨型正方體，看起來就好像漂在水面上一樣。正方體上有一面掛著螢幕，播放著足球賽，而另一面還有個螢幕，顯示新程式的畫面。在你的手機上按正確的鍵，你就可以在「正方體」上寫字、畫畫，或是打電玩。

如果你有機會在幾年前去參觀設在紐約現代藝術博物館的「個人天空」，你也許會看到人類透過長途通訊分享體驗的新觀念。參觀者進入一間非常白的未來房間裡，撥號接通之後，他們就可以抬頭看到，和電話另一頭受話者頭頂上同樣的天空。坐在「別人的天空」下面，可以幫助你體會和感受別人的生活。

「正方體」和「個人天空」都是由我們公司的體驗建築師（一群孜孜不倦，創造神奇體驗的人）所創造出來的瘋狂作品。他們讓你感受多感官設計的威力。還有，在這裡「建築師」這個詞採廣義的解釋，因為他們所創造的體驗可大可小，有的甚至是用原子或電腦位元（bit）所組成。

一位好的體驗建築師會透過產品、服務、數位互動、空間，或一些事件來為你的組織設立正面

沃達豐的正方體是一種設計體驗，你可以用你的手機來控制。

反應的舞台。體驗建築師不只是為客戶設計，也為員工設計。他們的體驗與眾不同。他們能夠防止你的商品淪為大宗物資，客戶比較的項目只有價格。他們會刺激你的感官，加入觸覺，巧妙運用各種聲音，尋找機會加上味覺和嗅覺。

好消息是：要扮演好體驗建築師這個角色，你並不需要拿到巴沙迪納（Pasadena）藝術中心的工業設計學位，或是耶魯的建築碩士。例如，在我家附近有一家熙來攘往的歐式咖啡廳，由一戶人家所經營（隔壁就是溫馨的個人書店），他們把各種不錯的體驗設計，一項項地組合起來，並且讓整體看起來很輕鬆。勃朗咖啡廳（Café Borrone）從開放式廚房供應簡單的美食。他們年輕而有效率的員工在擁擠的桌椅間穿梭，帶著輕鬆熟練的氣氛。菜單（以彩色粉筆寫在粗石板上）每個星期都會適度調整以保持新鮮感。這家餐廳位於人潮經過的中央，從史丹佛大學學生到七十多歲的老人都有。店裡煮咖啡的聲音和外面水池的聲音融合成悅耳的音響。這是一棟充分利用加州陽光的磚造大樓。勃朗咖啡廳在消費體驗上雖然沒有「主要訴求點」來吸引你的注意，然而每個部分整合起來竟是那麼順暢，同時還有點刺激。我懷疑店主蘿絲（Rose）和羅伊．勃朗（Roy Borrone）學過設計，但很清楚，他們扮演體驗建築師很有一套。結果，星期天我就幾乎不想去別的地方了，只想到那裡坐一小時，喝杯咖啡。

IDEO有些優秀的體驗設計是為某一案客戶所開發的。我特別喜愛我們為施耐寶工具（Snap-on Tools）公司所做的案子。當你在思考機械工具時，很少會去想到戲劇，但是在保羅．班耐特、歐文．羅傑斯，和其他專案小組人員的主導下，把這家工具製造商的設計方向，幾乎調整為安裝藝術。我們租了一處廢棄的修車廠，到了晚上，把IDEO裡許多個人收藏的古董車集中到那裡去。這個體驗從「接待」區開始（就是以前的修車間），我們把那裡漆成黑色，用彩色大字寫上標語，為參觀行程中的其他空間，定上了基調。然後，按照安排好的行程一間一間參觀，我們的客戶看到掛在油桶上的混合原型，中間還穿插一段以第一人稱拍攝的錄影帶，由幾位技師現身說法，談他們對工具的愛，全部都整合成令人信服的互動式表演，讓客戶（還有我們）為未來感到興奮不已。

保羅．班耐特是我們最有天分的體驗建築師，他經常提醒我們，最強的體驗來自誠實。體驗建築師的基本角色就是成為一個主人，永遠不會忘記一件事：提供客戶特別的東西，既是一項很好的事業，同時也是在做善事。體驗建築師把世界視為舞台。他們相信所有的事都可以改變，也相信要把產品和服務帶到「貼近」客戶的地方。他們視服務，甚至於產品為有待探勘的旅程。最後，在尋求各種事物的體驗上，他們非常有天分，即使是其他人認為最平凡無奇的東西也一樣。

當你處在體驗建築師「地帶」時，你會透過簡單的鏡頭來看世界，尋找現階段負面（或只是中性）體驗的元素，然後找機會加以調整。扮演這個角色，可以從這種方法開始：從各種角度檢視你的業務，並問：「這是普通的東西，還是有點不一樣的東西？」不論平凡出現在何處，體驗建築師都會避開，當熵（entropy）和商品化力量襲擊他們的團隊或組織時，他們會起而對抗。問這種問題是個相當簡單，也相當有效的方法。打電話到你的客服專線，你的體驗如何？是普通還是很特別？首次來店裡購物的消費者，其體驗如何？你也可以把這個方法用在公司內部。當你那熱情的專案小組留下來開午餐會議時，你所提供的菜色好吃嗎？是普通還是很特別？新員工上班的第一天有多特殊？體驗建築師在探討過這些機會區域後，會去思考如何把握住每個機會，化平凡為特殊（甚至討喜）。這樣做，聽起來會很貴嗎？未必。相對地，利潤還可能會相當好。去問聯邦快遞（FedEx）、卡拉威高爾夫（Callaway Golf）、捷藍航空，或美利堅女孩（American Girl）、或其他上百家的企業吧，他們擺脫平凡，實現非凡報酬。

不論平凡出現在何處，體驗建築師都會避開。

小小的體驗

我們曾經和大學合作過，開發教室的體驗；也和醫院合作過，除去產婦生產過程中某些痛苦的感受。我們努力為數以百計的新產品和新服務改善客戶感受——從採購女性內衣到線上銀行開戶作業。這些案子，多數都相當複雜，屬於全面性的多維體驗，牽涉到你大多數或是所有的感官。例如，我們舉旅遊和休閒的例子來看，這類體驗最令人難忘，也最讓人投入（從舒服的白天溫泉會館，到晚上熱情的夜總會），不只是刺激你的視覺，還運用了聲音、觸覺，融合口味和嗅覺，達成最佳的感官效果。

但設計出來的體驗卻未必複雜或昂貴。要改變客戶的體驗，我們可以運用你的產品或服務，從一些小步驟開始。有時候，改變單一成分就能產生很大的差異。拿防凍劑來說吧，這是一種小罐裝的液體，防止你車子的散熱器生鏽，並讓引擎在寒冬的早晨不會結凍。加在車子散熱器裡的防凍劑是個典型的商品型貨品——類似乙二醇的工業用化學原料。我居住的舊金山灣地區，這個塑膠瓶裝的商品，一般車材行一加侖大約賣七美元。就我印象所及，這項商品各廠的產品只有二個地方不同：塑膠瓶的顏色以及包裝圖案的品質，當然，這些差異對你的車子來說毫無意義。

那麼，當你散熱器裡的防凍劑少了大約一夸特時，你要如何添補呢？首先，任何一位技師都會告訴你，為了達到最佳性能，不要添加百分之百的防凍劑。你的車子出廠時添加的是百分之五十的防凍劑和百分之五十的水，你必須維持這個比率。因此，你必須把散熱器的蓋子拔開（或是，對大多數的新車來說，在備用水箱處），往裡面看，估計液面低了多少，除以二（以維持百分之五十的比率），再加入適量的防凍劑。於是你加了大約一品脫的乙二醇（沒有用到任何測量工具），所以還需補上等量的水。對大多數人來說，在這個步驟用到的是花園裡的水管。你要如何知道散熱器裡的水已經滿了？就在百分之五十的乙二醇水溶液噴到你眼睛時。

這並不是什麼了不起的消費者體驗，是吧？但好幾年前，有一家創業型的公司想到在這項商品的體驗上，加上一點點改良。如何做呢？用預先混合好的防凍劑。不用估計。不用混合。化學溶劑不會再噴到你的眼睛。對所有的體驗建築師來說，這部分才是精華：這罐混好的東西，雖然是明顯的稀釋了，還是賣七美元。換句話說，他們光是把商品轉化為使用方便的產品，他們就找到方法，賣給你半加侖三．五美元的水。客戶反而更高興，因為他們不用再去混合那些齷齪的化學藥品。毛利很不錯，因為水基本上是不用什麼成本的。這是個雙贏的解決方案，因為新改良防凍劑的製造商，靠著幫你除去散熱器麻煩的添加手續，解決了潛在的客戶需求。有時候，即使只幫你的客戶省下一個步驟，他們都會因為得到更好的感受而報答你。

你是否有一部分的業務很像商品型產品？你能夠把你所生產或提供的東西轉化成更好的客戶體

驗嗎？找些新方法來改善客戶體驗，這件事值得去做。讓你的產品稍微不一樣，就不會淪為商品型產品。而且說不定，你還可以用更低的成本，賣更高的價錢。

引爆點

聰明的體驗建築師知道該如何集中精力。如果你打算把你的產品或服務，做每一種改善，結果你所做出來的東西，可能會跟黃金打造出來的一樣，沒幾個人買得起；或是缺乏訴求重點，以致得不到應有的重視。因此，要先問，對客戶而言，什麼才是真正重要的東西。答案也許是一些微小、不合理、難以理解，或是完全出乎所料的東西。但找出這個答案對你的事業非常重要。通常只是一、二個基本元素而已。我們稱之為「引爆點」。

例如，連鎖高級旅館上個世紀花了大半的時間，事後才發現一個可笑的淺顯道理：「笨蛋，重要的是床！不要給我搞錯了。」當我和家人去旅行或豪華度假時，我喜歡設施完備的旅館。但是當我深夜住進辛辛那提旅館，隔天早上七點就退房時，床才是最重要的。關於這點，多年來，許多大型的連鎖旅館卻多半大同小異。商務旅館很多家都很不錯，但是當我一星期要住五個晚上時，我卻不想住同一家，而要換四家旅館，我最近就是這樣。然而，威斯汀（Westin）旅館（編按：即台北的六福皇宮）最先瞭解，對只是要過夜的客人來說，床才是最重要的，而且他們在這方面做得還不錯。他們的床稱為「天堂床」：被子下面一層，上面好幾層，許多軟綿綿的枕頭，還有一張棉質床罩罩在上面。這種床讓我晚上睡得很舒服，因而願意忽略其他缺點。

我在這裡向大家報告，這類小改善，有時候的確會帶來巨大的差異。例如，我最近在辛辛那提過夜，我注意到房間裡的壁紙開始脫落，浴缸也有破裂情形。但你知道嗎？我完全不在乎。我鑽到天堂床裡睡得跟嬰兒一樣。當然，其他的大型旅館也注意到這點，例如，萬豪（Marriott）似乎就有可能在這方面打敗威斯汀。但如果其他的東西都一樣，讓我來選商務旅館的話，我一定會選床最合我胃口的旅館。所以，找一下你公司一、二項關鍵引爆點——然後做得和競爭者明顯不同。

現在，床邊茶几上的鬧鐘是另一個引爆點。我敢打賭，花錢進來過夜的商務房客對鬧鐘的在意程度超過其他昂貴的便利設備，像浴室裡的第二蓮蓬頭。而這似乎是幾乎所有美國旅館錯失良機之處（別提巴黎一晚要價七百美元的旅館連個時鐘都沒有了）。也許這不是旅館業者的錯。而是生產收音機鬧鐘廠商的錯，他們加入太多毫無用處的功能，導致你第一次使用時，不知道要怎樣來設定鬧鐘。不幸的是，大多數過夜的旅客都是第一次使用那個鬧鐘。我通常要花大約五分鐘來搞這個很難使用的鬧鐘，然後就放棄了。（我自己隨身

你是否覺得旅館裡還存在古老的晨呼服務很奇怪？這並不是因為客戶依戀傳統。而是因為那些該死的鬧鐘。

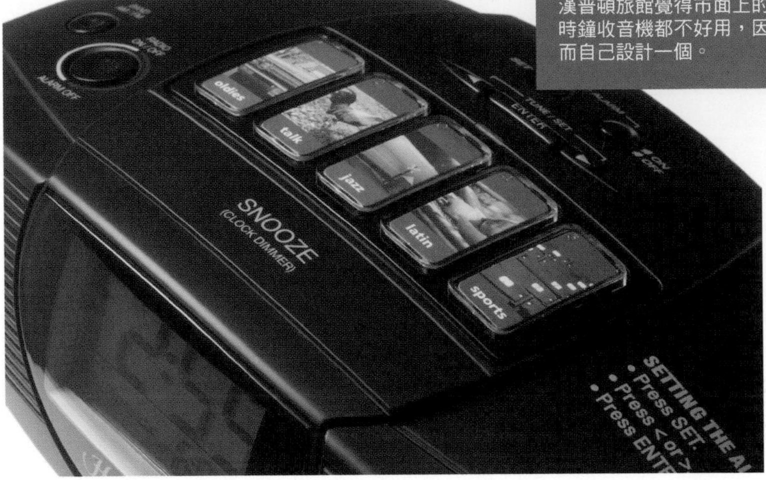

漢普頓旅館覺得市面上的時鐘收音機都不好用，因而自己設計一個。

攜帶了二只備用鬧鐘，以應付這種困境。）你是否覺得旅館裡還存在古老的晨呼服務很奇怪？這並不是因為客戶依戀傳統。而是因為那些該死的鬧鐘。

而且，對此感到挫折失望的人並不只有我一個。漢普頓旅館（Hampton Inn）的人最近為了替旅館客房找一款簡單好用的鬧鐘，看了超過一百五十種的樣品。當他們發現沒有一款合適時，他們很不尋常地決定自己設計。我認為連鎖旅館迫於無奈要自己開發鬧鐘，這顯然是消費性電子業的問題，但事實的確如此。他們拿掉了所有沒用的功能（像雙鬧鈴），讓鬧鐘非常簡單，很好設定。他們在收音機鬧鐘上貼上簡單明白的圖案，即使你不知道當地哪些電台最受歡迎，還是可以選到搖滾、爵士，或古典音樂電台。結果如何呢？這個簡單的機種，客戶不只是喜歡而已，還問能不能買回去家裡用。我不知道漢普頓旅館的床好不好睡，但顯然他們已經觸擊到另一個引爆點。給我一個可靠的鬧鐘，我會睡得更好。他們免除掉我睡過頭的尷尬，我很可能會再回來住的。

就客戶體驗而言，有時候你只要抓到一、二個引爆點就能取得優勢。針對引爆點解決問題或設計出更好的體驗，你會獲得不錯的報酬。

什錦冰淇淋

體驗建築師在重建零售店上所能扮演的角色，有時候比在單一實體產品上要來得更廣。但即便如此，單一的關鍵元素還是能夠改變整個消費體驗。我們來看看令人肅然起敬的冰淇淋店。在美國大多數地區，其營業模式所掌握到的機會似乎很少。業界龍頭，例如三一冰淇淋（Baskin-Robbins）和乳品皇后（Diary Queen）等，最近這幾年的業績已經相對平緩。但位於亞利桑那州天普市（Tempe）的冷石乳品（Cold Stone Creamery）卻不一樣，該公司是什錦冰淇淋連鎖店的龍頭，全國超過一千家門市。冷石把重點放在冰淇淋事件上，而不是產品本身，因而快速成長，勢如破竹。該公司對其優勢大力宣揚，號稱「冰淇淋終極體驗」。

你只要去過他們的店一次，就知道是怎麼回事了。玻璃展示櫃裡，整齊地排著一整列各種口味

具娛樂效果的冰淇淋體驗，以創新來創造市場口碑和成長。

的冰淇淋，你可以挑選幾種自己喜歡的口味，並加上各種配料，從水果到糖果、乾果，和巧克力糖漿。然後你個人專屬的冰淇淋製造人員就會舞動二把磨光的金屬鏟子，在一塊抛光、冷凍過的花崗石厚板（冷石）上，不斷地來回搓轉，做出你所調配的冰淇淋。瞧！這就是你的特選什錦冰淇淋了。整個過程具有娛樂效果，還有一點點催眠作用，很像海邊步道上的鹹水太妃糖拉製機。小朋友（和父母）也可以在輕鬆有趣的氣氛下，自己動手試，而且，該公司有幾個門市的鏟冰人員還會突然唱起歌來，相當有名。由於有好幾十種的冰淇淋和配料供你選擇，你可以排列出上千種的組合，任何你想得到的幾乎都做得出來。「這裡就是發揮你食慾創意的地方。」冷石說：「花崗石是你的調色盤，而你就是藝術家。」

我認為這個故事的引爆點就是該公司的管理階層竟然直接把他們的店，促銷成一種消費體驗。冰淇淋的成分當然重要，但他們所要定義的元素卻是在體驗上——就是該公司所謂的「冰淇淋創新，讓你過癮。」用另一個方式說，優秀的體驗設計師開始時所用的素材和其他人一樣，但後來他們加進一些具有原創性而值得回味的東西。冷石乳品並非完美（我覺得花崗石板可以做得更像表演舞台，就像壽司店的大廚在表演手藝一樣）。但我認為他們的構想很成功。還有，這不應該只侷限於點心上。我想，將來會有更多的連鎖店和餐廳業者把一些玩膩了的老把戲，轉變成新鮮有趣的活動。

例如，早餐以後會怎麼變呢？營養專家告訴我們，早餐是一天當中，最重要的一餐，也許，來個徹底改變，現在正是時候。現在有很多公司用早餐墨西哥捲、早餐三明治，甚至於早餐餅乾來吸引我們，但我認為這還不夠，還有很多創新的空間。而且，如果這是一天中最重要的一餐，為什麼美國人一天只願意花六分鐘來吃早餐呢？（甚至於還一邊吃，一邊做其他事。）例如，我在家裡自己做一碗喜瑞爾（真的啦）還不用六十秒，但食品業的專家卻跟我說，喜瑞爾還「不夠方便」。其中一點就是攜帶不便，而且在走路或開車時，吃起來也不方便。顯然，這點很重要。但如果人們願意為了早上的咖啡或是好玩的冰淇淋體驗而大排長龍，那麼我覺得不同的早餐體驗這方面，應該還有很大的機會尚待開發。所以，如果你從事的是食品業，不妨扮演體驗建築師這個角色，想一下如何改變早餐。我相信對於開發出誘人體驗者，市場是很有效的，報酬將會相當優厚。

包裝體驗

很多產品和服務成長到一個階段就停滯了，因為整個產業安於現狀而死氣沉沉。創新的時機於是成熟，等待某個人出來打破僵局。他們需要一名優秀的體驗建築師，找出化為新時尚的方法。記住：你的客戶並不是沒注意到缺點。只是他們認為事情本來就是這樣。

就以油漆罐來說吧。幾十年來，大家都知道油漆罐很蹩腳。很難打開，也不好拿，更可笑的是蓋子不好關，也關不緊，油漆很容易就流出來。然後蓋子會生鏽，把你的象牙白水泥漆加上了咖啡色染料。說實在的，油漆桶根本就不好用。但不知多少年了，這一八一〇年所發明的馬口鐵罐，還一直停留在十九世紀的扭曲時空裡。

後來，突然在幾年前，有二家公司開始探索油漆的體驗。首先荷蘭男孩（Dutch Boy）公司率先重新設計油漆罐。他們的新油漆罐是塑膠製，方形，便於運送和儲存。同時也很容易拿取、打開，和倒出來。上面還有一個厚實的把手（不像大多數油漆罐上細如絲線的把手會割傷你的手）。頂蓋採螺旋式，打開或關緊都很容易（是的，客戶的確會剩半罐油漆存起來）。最後，內部的開口更便於傾倒而且較不會滴漏。這些創新，幾乎每一項都改善了油漆的體驗。這是火箭科技嗎？不是。但這的確開啟了改善的先端，用更好的設計做出更好的油漆罐。而這竟然要花好幾十年。

創新經常像一陣風一樣地出現，尤其是在一段很長的空窗期之後。當一家供應商推出了真正的改良品時，競爭廠商會猛然驚醒，被迫採取回應措施，通常是找一塊不同的體驗區域回應。這就是我喜歡班傑明・莫爾（Benjamin Moore）公司在油漆上創新的地方。他們鑽研另一塊我們所熟悉的房屋油漆問題。把一小塊油漆樣本帶回家，你還是沒辦法確定顏色對不對。如果你和我一樣，想要比較好幾種不同的顏色變化，你必須買好幾罐夸脫裝的油漆——既昂貴又浪費。我們在修理房屋外牆時，才經歷過這個過程，我們一共用了七罐，我和我太太才確定我們喜歡的是第一種顏色（不騙你）。但你不能把其他不要的六罐倒掉——那會造成環境污染，因此，你必須載去回收中心處理。

後來班傑明・莫爾想出一種非常簡單卻很實用的新點子。他們讓挑選顏色原型更容易，也更便宜。他們稱之為「二盎司，真簡單。」他們把二盎司的顏色樣本放在透明塑膠罐裡。很適合用後即丟的小刷子。二盎司的油漆大約可以在牆上漆出一塊二英尺見方大小的區域，讓你在試顏色時更經濟、更容易。

把內部翻出來

你的業務給人的體驗已經太老套而必須重新設計嗎？你完全不知道該從何處著手嗎？

你可以試試激進的方式來活絡你的思想。也許你可以針對體驗中的一部份，把內部翻出來。這是我在看了夢妮卡．邦維西尼（Monica Bonvicini）「別錯過祕密」（Don't Miss a Sec）這項表演藝術最先在IDEO裡傳閱的照片時所想到的點子。是的，那是完全用二向鏡（two-way mirrors）圍起來的廁所。在玻璃箱裡面的人會覺得好像是在公開展示，其實在街上的行人只看到一面黑色的反射鏡。

這讓我想到我們幫普拉達（Prada）紐約旗艦店所設計的雙重特性更衣室。一名女士走進看起來像是透明玻璃的更衣室，按一下地板上的按鈕，玻璃裡的液晶就會充電，突然間，玻璃就變成不透明的。在完全隱密之下，這位女士可以換上新衣服。然後，她可以用戲劇性的手法，再按一下地板上的按鈕，然後，請看，她像個模特兒似地向更衣室外面的朋友展示新裝。

獨特的公共廁所把隱密性和暴露狂之間的界線給模糊掉了。

改變體驗過程裡的一小部分行為可以造成相當大的差異。你的服務過程，有沒有哪一部分可以把裡面翻出外面來給人看的？

換言之，該公司推出了一種讓人試新漆顏色的方法，更便宜、更實用，也更符合環保的訴求。由於這項產品具有成本低、麻煩少的特性，我打賭很多人會跟我一樣，到油漆店一次會買個好幾罐，而不是跑七趟。一旦他們從二盎斯的班傑明．莫爾油漆中找到正確的色調，他們幾乎一定會去買相同牌子的油漆好幾加侖。

班傑明莫爾這則故事，我真正喜歡的部分是這家公司推出了二盎司小瓶子，成為一種體驗。你可以在他們的店裡頭或是廣告上看到。這一小瓶點心大的透明塑膠罐本身只是整個設計的一部分。真正改變客戶體驗的是這些小瓶子在客戶使用過程中所發揮的作用——解決客戶尋找正確顏色的頭痛問題。

這裡，有一些寶貴的課程。首先，產品或服務在一波創新熱潮來襲之前，也許會沉寂好幾十年。更嚇人的是，當一家廠商進行創新之後，其他的競爭廠商並不會因此就被遠遠拋在後頭。有時候，對創新的回應會出現許多個「體驗點」（experience points）。就以古典的酒瓶和軟木塞來說吧。在一九九〇年代中期，我們接到一家大型酒廠的顧問案，研究未來的酒瓶和瓶塞，最後提出不但實用，還頗有吸引力的非玻璃酒瓶，以及非軟木塞蓋子。我們還得到一個意外的結論：最有效且最優雅的封瓶法，就是精工打造的螺旋蓋子，但這種技術，以前大部分只用在劣等酒或是啤酒上。

這不只是單純的審美問題而已。而是這個產業必須創新。每年葡萄採收之後所釀的酒，有一部分就是因為軟木塞不良而變質。雖然拔軟木塞開瓶是大家喜愛的品酒儀式，也為許多瑞士刀提供了存在的理由，但對許多愛酒的人來說，這其實是一種困擾，特別是在軟木塞破裂，掉到酒瓶裡的時候，真是令人難堪。我們最初在探索這個領域時，傳統的想法認為，採用非傳統的酒瓶和封瓶法根本就不切實際。

你猜結果怎麼了？許多釀酒廠和酒類供應商開始創新，像瘋了似的。中級酒市場漸漸接受有優美裝飾的螺旋式瓶蓋，我們幾乎得到了消費者的普遍認同。同時，紙盒裝的酒，過去主要是給外行人喝的，現在大家開始接受這種「新」容器了。諷刺的是，對每天要喝的酒來說，紙盒酒和瓶裝酒比起來，好處還真不少。紙盒酒事實上是裝在密封的塑膠囊中，當你斟酒時，塑膠囊會收縮，空氣不會跑進來，大幅減少氧化作用，所以酒開了之後，不容易壞。紙盒裝的白酒，不論是一公升的圓柱包，或是三公升的方盒包，放在冰箱都很方便，酒打開之後，很方便讓你慢慢喝個好幾天，甚至好幾個星期。紙盒酒在裝填和運送上幫酒廠省下了不少錢，而且盒子上的空間很大，可以加上彩色圖案和文字。盒裝酒不佔空間，也不會打破，漸漸在品質上和價值上得到好評。

想想看酒瓶子的豐富歷史。十八世紀初就開始用了，但三百年來幾乎沒什麼改變。如今，我們正處於一陣微小的創新風潮中，未來十年，也許會漸漸發揚光大。看一下你的四周。什麼東西已經很久沒變了？怎樣做才會有更好、或是不一樣的體驗？創新的機會通常沉睡多年，等人來把這原本就存在的機會挖掘出來。體驗建築師肯耐心地檢視一般人所忽略的事物，並積極主動地創造出新的體驗。

設計師水（Designer Water）

足智多謀的體驗建築師很有價值，想要這方面的證明嗎？只要看看你家附近那些過度添加維他命的瓶裝水賣得火熱就可以知道了。以前，飲用水主要來自自來水。而瓶裝水最初引進美國市場時，則強調水源的古老傳承。最近，各式各樣的瓶裝水已經成為飲料業成長最快的商品了。現在雜牌的瓶裝水，在消費者體驗上，加入奇特的顏色、維他命、怪名字、怪味道，和嘲弄式的幽默。下午辦公室裡的工作壓力很大嗎？來一瓶葛拉索（Glaceau）的水蜜桃色「堅此百忍水」（Perseverance）。昨晚熬夜嗎？你今天早上可以喝瓶「救生水」（Rescue），綠茶口味。有人批評這是「設計師水」，華而不實。但這種產品似乎相當健康，而且半認真半開玩笑的使用說明更進一步提升了整體效果。一瓶奇異果草莓口味的飲料建議你「用嘴巴撫慰昏沉沉的腦細胞」，而蔓越莓葡萄柚口味的平衡水則說「推薦給體操選手、芭蕾舞舞者、……，或是所有需要平衡的人。」

當然這很愚蠢，但是當你口乾舌燥，在一大排飲料架上不知道如何挑選時，這不就是最好的解藥嗎？營養學家也許會懷疑在飲水裡添加維他命和味道的價值，但更重要的是飲料廠商努力地想在設計、故事，和幽默中，銷售一種心境和感性。漂亮的銷售數字（以及數十家模仿者），證明這商品具有市場吸引力。而且，如果你能夠把水轉化成設計的體驗，那麼，任何商品你都可以如法炮製。別說你的產品或服務很無趣。無趣的是你的想像力。

畫出客戶的旅程

IDEO在和客戶合作尋找新觀念時，我們經常做的事就是將他們客戶的旅程畫出來。我們已經在鐵路業和航空業上運用這個方法，因為對這類行業來說，這種旅程架構似乎很合邏輯。但對於一些非常不像旅程的事件，我們也照樣開發旅程。我們為各種不同的服務或體驗尋找「旅程」，諸如：旅館的住房手續、銀行開戶作業、企業網站流覽、專利申請、餐廳預約，和準備晚餐等。

我們發現一件事：旅程中的步驟，幾乎總是比人們的首次印象還要多。例如，購車體驗的旅程中，通常會有許多步驟讓客戶產生焦慮，導致很多機會流失。另一項意外是：旅程通常比人們所瞭解的，更早開始，也更晚結束。我們發現，應該要考慮旅程開始前的情感動力。購車旅程的第一步並不是到汽車展示廳參觀或是掃描報紙廣告。通常會有一些先前的步驟，也許是某個事件產生催化作用（你現在那部車子的汽缸墊片燒壞了）、生活改變（你女兒要到外地讀大學了）、或是新的社會壓力（你的好友買新車了，突然間，你那輛車就變得有點爛）。同樣地，汽車銷售員傾向於認為客戶把新車開走之後，購車旅程就此結束。但建立客戶忠誠度（並贏得客戶推薦）的旅程還牽涉到後續追蹤，以瞭解客戶對服務、保養，乃至於最後轉售的感受。除了要瞭解旅程中的步驟之外，還要瞭解各個步驟中客戶的想法，這對任何一位有理想的體驗建築師來說，很有價值。

生死攸關的旅程

有些旅程甚至還能協助拯救生命。

我們以大衛．克拉維茲（David Kravitz）的故事作例子。大衛因父親接受器官移植挽回生命，乃有所體悟，成立了器官恢復系統公司（Organ Recovery Systems）。他對這個領域詳加研究之後發現，從器官捐贈者到器官受贈者的這條路非常坎坷，而且缺乏科技支援，令人遺憾。大部分冷藏移植器官所用的聚苯乙烯發泡櫃，就和你去海邊所攜帶的啤酒冷藏櫃一樣。同時，很多人在苦等寶貴器官的同

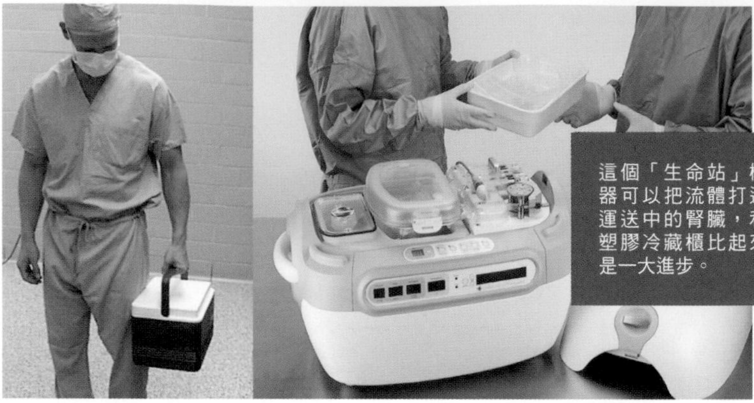

這個「生命站」機器可以把流體打進運送中的腎臟，和塑膠冷藏櫃比起來是一大進步。

時死亡了。例如，美國隨時有五萬五千人在等待腎臟移植。令人遺憾的是，其中有些人永遠等不到救命的器官。

那麼，器官恢復系統公司怎麼做呢？他們和IDEO合作，研究腎臟從捐贈者到受贈者的旅程。腎臟能夠冰存的時間不長。十八小時差不多就是上限了。專案小組並未把運送問題視為單純的時間問題，要醫師在這段期間努力保住器官，而是尋求新的解決方法。他們製作原型，開發出保持腎臟更佳狀態的作業程序。結果呢？他們用生命站（Lifeport）把腎臟放在充滿組織營養劑的冷藏液裡。這套設備還可以在運送過程中監測腎臟的狀況。這個浸泡式過程，令人不可思議，幾乎把保存和運送的時間增加了一倍。腎臟品質更好、更易於運送，表示器官在運送的過程中，成功率提高了，也讓更多的人能夠接受移植手術。器官在有效期間內送到指定地點的成功率增加了。醫師和病人進行器官配對的時間也就隨之增加。

像生命站這樣的設備，能夠大幅縮減器官移植等候名單上的人數，拯救成千上萬的生命。同時，可用的器官增加，運送的壓力也跟著減輕，讓醫療照護產業在緊急處理上，省下十億美元。全都拜大衛・克拉維茲之賜，他研究腎臟從捐贈者到受贈者的旅程，提出看法，慎重其事的我們對於和克拉維茲合作一事感到驕傲，也希望將來有機會和他的公司用生命站針對其他器官，像心臟或是肝臟等，再行合作。旅程的確很重要，不論是客戶在你產品或服務上的旅程，或是產品吸引客戶注意的旅程。你會設計出什麼樣的旅程，讓你的公司和同業有所不同？

移動的旅程

體驗建築師強烈地感受到，體驗的設計工作不只是受到新科技的影響，還受到人類需求變化無常的影響，因而不斷地演化。昔日大多數客戶的旅程從固定點開始，如今已漸漸消逝。有時候，你必須把設計出來的體驗，直接帶到客戶面前。甚至還帶到辦公室的停車場上。

沒多久之前，ＩＤＥＯ的智慧空間小組（Smart Space group，在建築尺度上創造體驗的設計師），和加州北部一家雄心萬丈的企業共同組成一個專案小組，這家公司對牙醫業的未來，有個非常激進的構想：把牙醫帶到客戶那裡，而不是等客戶上門。這項營運計劃需要一輛設備齊全的牙醫箱型車以便拜訪規模達數千名員工的大企業。企業可以將此做為員工的額外福利——不用花費什麼成本就能減少停工問題。我希望在未來幾年中，還有更多的專業服務能夠進駐企業停車場的一角。時間壓力、無線通訊，和設備微小化的進展更有助於這個趨勢。然而把體驗或是服務架在車上只是整個設計的一環而已。成功的活動式服務可以對傳統式做法產生威脅。例如，如果牙醫診所突然間離你的辦公桌只有二分鐘的路，那麼牙醫診所還需要候診室嗎？由於位置非常接近，接待人員可以在上一名病患快要看完之前打電話通知你，減少你的等候時間，幾乎不用等待。

移動式的作法很有效，特別是對那些缺乏實體空間的企業。例如前進保險公司（Progressive Insurance）是一家位於俄亥俄州五月田村（Mayfield Village）的全國汽車保險公司，非常神奇，他們找出快速而有效處理理賠業務的方法，解決了保險業最頭痛的問題。他們用移動性來解決問題。前進保險公司對他們的「立即回應小組」（Immediate Response）感到驕傲，這是由理賠人員駕駛福特探險家休旅車（Explorer）所組成的車隊，在各大城市以順時鐘的方向巡迴，提供驚人的快速理賠服務。前進保險公司最大的突破在於和客戶緊密地連結在一起。理賠人員用手提電腦下載理賠資訊，當場就能熟練地分析估價。前進保險公司還有一點很聰明。例如，客戶會收到前進保險公司所開出的紀錄卡，解決車禍後處理進度的資訊問題。換言之，他們從客戶的角度去思考客戶在車禍後該做什麼事。保險業的理賠作業一向要花好幾個星期或好幾個月，前進保險公司只要幾天，有時候甚至幾小時就完成了。最近我發生了三十年來第一次的車禍，和我的理賠經驗比起來，現場服務的確很有說服力。

在此我們學到了一件事，即使是最傳統的產業，體驗建築師都能協助轉型。多數的大型保險公司是風險趨避者，他們一向不願把書面的行政作業外放。前進保險公司的做法非常直接，在理賠申請體驗之上，加進了科技和汽車。你說這個變化大不大？移動性在你的產業行不通嗎？看看凌志汽車提供給新車主的「開胃菜」服務吧。幾年前我向他們買車時，銷售員到我的辦公室來幫我處理第一次的保養服務。我只要把我的汽車鑰匙交給公司的接待人員，並留張便條，記下我大概的停車位置就可以了。誰不想要這樣的服務呢？全套的服務。一點都不麻煩。我一千英里保養檢查的客戶旅程裡有一個令人愉快的項目：根本就不用自己開車到任何地方做檢查。

我的建議是什麼呢？待在一個地方太久對你的企業會有不良的影響。開車、跑步，或走路到你的客戶那裡，帶著科技、資訊，和個人專屬服務。如果你第一步等太久了，別人遲早會捷足先登。

非旅程

用旅程來做比喻，是個奇妙的載具，能夠喚醒人們去掌握住激發新產品或服務的更廣泛情感反應。也就是說，體驗建築

待在一個地方太久對你的企業會有不良的影響。開車、跑步，或走路到你客戶那裡，帶著科技、資訊，和個人專屬服務。

師不相信有一體適用的方法。這個角色的特性，就是針對每項新產品或服務的獨特需求去設計體驗。因此，ＩＤＥＯ即使堅信旅程的力量，也知道沒有一種模式可以適用所有的狀況。

例如，在幾年前，一家知名的零售商請我們探索他們賣場裡小朋友的購物體驗。他們正在審慎構思，進行大型的改裝計劃，而我們也全都相信把小朋友的購物旅程畫出來之後，就能夠為新賣場提出突破性的觀念。

我們開始花很多時間在該公司的賣場裡，常常要跪下一腳來才能取得小朋友的視角。我們注意到什麼呢？小朋友的旅程和其他案子的旅程大異其趣。首先，小朋友根本就不把逛賣場當做旅程。他們記不住商品位置的先後順序。他們當然可以告訴你哪些東西很酷。或是哪些東西他們認為很「無聊」。但他們並不認為購物體驗是一個序列步驟，而我們的感覺是，他們不會把賣場設計當成旅程。

幸好我們找到另一個方法來解決問題，用不同的方法來說故事。根據我們的觀察，我們發現小朋友在逛賣場時有許多不連貫的認知狀態，於是我們針對這些心智狀態建立新的觀念架構。我們的發現讓我們得到相當驚人的結論：可能沒有必要花費鉅資去重新整修數百家賣場。因此，我們並沒有提出大型的內部裝潢計劃給我們的客戶，而是把二十多項小朋友的明確看法告訴他們，讓他們知道小朋友對他們賣場的感受。為了加強產品展示，我們提出了包裝、販賣品，和設備上的建議。把重點放在桌子、展示品、光線，和圖案等。

吊床因子

在設計新體驗時，強力的圖像或是符咒能夠把你要傳達的心理狀態化為符號。我是指文化上的符號，而不是宗教上的器物，能夠激起強烈而正向的聯想。

想像一下不起眼的吊床，完美地懸掛在二棵棕櫚樹之間。看到吊床，讓人很難不會聯想到休閒。同樣的，躺在吊床上，也幾乎不可能保持緊張和憂慮的狀態。最近我們把後院裡老舊的兒童遊樂設施拆除了，我想在那裡擺張吊床，做為家人紓解壓力的地方。你事業裡的吊床是什麼？什麼東西能夠激起普遍的反應，讓客戶不得不買帳？

我只要看到吊床就會感到很輕鬆。你能找出類似的有力聯想嗎？

這個案子最棒的地方在於我們堅信，從觀察所得到的事實可以為我們指引方向。如果我們一直堅持我們所熟悉的「A方案」，我們也許會做出一份詳細的小朋友旅程圖，並以典型的方法把我們所看到的向客戶簡報。但這一路下來，儘管旅程的比喻相當堅實，但在開發兒童賣場新構想上，就不是個好用的工具。誠如史蒂芬・柯維（Stephen Covey）所常說的：「地圖並非真正的疆域。」因此，即使我們在大多數的案子上都很喜歡客戶旅程圖，我們知道，這次該是把地圖丟在一旁的時候了。

把這想成在航海中拿指南針當嚮導。當晚上的星空顯示指南針已經壞了，有經驗的水手會利用其他的好工具繼續前行。這對我來說，是最強的方法論：在你所處的環境中獨立思考，畫自己的地圖，說自己的故事，而不是用我們經常在執行計劃時先入為主的觀念。當新見解告訴你正確的方向時，要有信心，虛懷若谷，改變你的方向。

真實性

體驗建築師有靈敏的鼻子來判別真偽。他們寧可相信可以驗證的個人印象，而不相信專家的「官方」說法。我們以餐廳評鑑來做例子。不久之前，我們選擇餐廳單靠當地的報紙評鑑，或是弗拉默（Frommer）、福德（Fodor）、或米奇林（Michelin）等所出版的全國餐飲指南。專家告訴我們哪家餐廳如何又如何。想和他們爭辯？我們算老幾！

喔，結果這些評鑑並不像我們所想像的真實。餐廳通常可以認出評鑑人員，刻意為他們提供特別的菜色或服務。而評鑑人員本身通常也不太客觀。此外，只去過一、二次就寫出評鑑報告，這樣公平嗎？去查格（Zagat）網站看看吧，這是一家餐飲飯店評鑑的平民主義仲裁者。查格已經改變評鑑的想法，不用專業的評鑑人員，反而歡迎成千上萬像你我這樣的人留下意見。查格採用群眾調查法，得出確實的晚餐印象，很難作假。查格的調查採用二十五萬名自願者的意見，人數相當可觀。其創辦人夫婦，提姆（Tim）和妮納・查格（Nina Zagat）很早以前就瞭解，真實性本身就會帶來效益。沒錯，他們不會僱用任何知名的評論家。相反的，他們聘請知識淵博的編輯來設計如何調查、決定要包括哪幾家餐廳，針對各家餐廳，聰明地把自願調查者的意見串成一篇「評鑑」。這有點像公眾選擇獎（People's Choice award）。他們的評鑑不像精英報紙那樣勢利眼，查格所提的，都具有草根真實性。查格評鑑所產生的迴響，在「專業」評鑑上，例如弗拉默和福德，很少見到。查格的調查報告非常受歡迎，因此他們最近已經從餐飲和飯店業擴展到電影、音樂，甚至於高爾夫球場。

真實才有真正的吸引力。真實的展示，也許會經過編輯，但他們之所以廣受歡迎，最主要的原因是建立在他們不去套招這個前提上。同樣的，頗受爭議，卻極受歡迎的網站HOTorNOT，其真正的吸引力源自一個簡單的前提，那些喜歡表現者（或是被虐待者）自願把自己的照片貼出來，供數以萬計的陌生人投票。

然而，查格是趨勢領導者，於一九七九年首先創造了他們的「真實」方法。該公司已經超越亞馬遜網站的讀者評論，一部分的原因是查格用一名編輯來調查評論的真實性，而在其他網站，你必須自己想辦法除掉「作者友人」的評論。查格的客戶評論值得信賴，因為他們有博學而專業的編輯居中處理。

查格靠著對真實性的堅持，建立了營業收入的基礎且聲譽日隆。他們用「真實世界」的品牌力量，打開許多新市場的大門。下一步要做什麼評鑑呢？郵輪？博物館？汽車修護廠？還是牙醫、醫師，和綜合承包商？我不想去猜測他們要跨足哪個市場，但我知道，他們的企業裡蘊藏了一個共通的價值：「真實」。你的組織有機會去「追求真實」，進而運用真實性所帶來的內在報酬和價值嗎？不妨參考一下查格的例子，運用真實的力量吧。

就如同你無法在真實性上造假，你的特性也無法造假。我們或多或少都認識一些非常有趣，而且富創業精神的朋友。首先，他們是真正實實在在的人。他們的言談舉止和外表有一種特殊的氣質。同樣的道理也適用在好公司上。他們匯集一種心境和精神。維珍公司有趣而不拘小節。BMW對駕駛慎重其事。蘋果電腦專注於圖像設計。麗池・卡爾登（Ritz Carlton）強調頂級服務。宜家家居（IKEA）供應價格合宜的設計品。你一看到這些公司就會認識他們。有些公司的特性非常燦爛奪目，相較之下，競爭者就顯得有點黯淡無光。

收集獎章

盡職的體驗建築師會運用所有可用的資源，特別是從他們自己的生活體驗中取得資源。例如，我兒子最近翻閱家裡的一些舊箱子，找出我當年擔任童子軍最高級的鷹級童軍獎章的橄欖色肩帶。他提出一大堆問題對我疲勞轟炸，問我二十一種不同獎章，像是「先鋒」和「救火員精神」等，那時候，我腦海中充滿了當年參加童子軍的美好回憶。大多數人已然不再為爭取獎章而競爭了，但是圖像文化公司（Iconoculture）的趨勢觀察員說，現在出現了一種生活型態，稱為「收集獎章」。這個想法認為，有一大群人已經爬上了心理學家馬斯洛（Abraham Maslow）所謂需求層次上的一定層級，累積了足夠的東西，正要轉而收集體驗。當我聽到這個想法時，我覺得很強烈也很熟悉，相當令人震撼。

例如我哥哥大衛差不多在二十年前就提到，他的朋友大多數生活上都不缺什麼東西了。大衛喜歡送禮物，每年聖誕節，他的小卡車上總是會載著滿滿的禮物，但有一年他不再送大家禮物，改送「體驗」。我甚至也想不起來當年他給了我什麼好禮物，但我還記得這二十年來，他和朋友們所分享的每一次體驗。他每年會找來幾十個朋友（還有，感恩，也找了幾個家人），帶我們大家去小小探險一下，讓我們和他一起分享體驗。我們去過滾石音樂會和大腳四驅車表演賽。我們一起去一位非常棒的法國廚師那裡上烹飪課，並和一位雜耍藝人學魔術。我們到大型的室內跑道玩單人賽車，並且在空中包廂上為聖荷西鯊魚隊加油。通常他會包一輛巴士，在車上親自供應餐點給我們，扮演主人兼空中少爺。大衛所送給我們的體驗會不會太奢侈了?當然。但這不是重點，因為他也可以帶我們到海邊野餐，我們一樣會覺得很好玩。大衛在送禮的境界上已經達到了更高的層次。他不再送我們一些擺在櫃子裡可有可無的東西，而是和我們分享體驗，讓我們終身難忘。

我發現我們周遭都有「收集獎章」的人。十五年前，我的朋友史都華．葛拉漢（Stuart Graham）跟我說，他有一個人生目標，就是到一百個國家去旅行。他目前已經走過九十三個國家了，但還有下半輩子可以四處去走走。我不知道IDEO的希拉蕊．賀伯是不是也有相同的目標，但她在面試時曾經提過，她要在二十五歲之前走過二十五個國家。還有，收集獎章並不只限於大人。我兒子在八歲時下定決心要讀完全套的頑強男孩（Hardy Boys）經典叢書——按照編號順序。那一年，只要有空檔就去讀那五十八本書，不看其他的。我女兒現在正在「收集」美國各州，因此，我們的家庭旅遊就要安排去那些她還沒去過的州。

許多X世代和千禧年出生的人，對於積存物質的熱情，不像他們父母輩那麼熱中。誠如這些新世代對富足的新定義，可以擁有少一點的物質，但體驗要多一點。諸如：你認為值得追尋的目標、你想探索的世界，和你自願參與的事件。內華達州沙漠每年所舉辦的火人祭（Burning Man festival）有越來越多的人去朝聖，更是這個趨勢的明證。火人祭事實上是一個很特別的藝術饗宴，每年八月在內華達州的黑岩沙漠（Black Rock Desert）舉辦一星期，吸引了三萬多人來參加。那裡除了冰塊、茶，和咖啡之外，幾乎買不到任何東西——而且連最驚人的藝術作品到最後都要燒成灰燼。但任何去過火人祭的人都會告訴你那是一個非常神奇、非常激烈的體驗，終身難忘。IDEO每年到了八月，總是有幾天工作的步調會明顯變慢，因為IDEO有越來越多的人把參加火人祭當成他們的獎章去追求。

收集體驗的人

你能提供客戶哪些體驗？你能鼓勵他們收集你的體驗嗎？到你所有的地點參觀？試用你每一樣商品？到日本玩的旅客可能會注意到幾乎各大車站、觀光景點，和溫泉處所都有一個超大的橡皮圖章，讓你蓋在旅遊日記或筆記本上。文具行和禮品店甚至還賣模擬日本護照的小冊子讓你收集這些圖章。不可思議的是整個國家已然把旅遊變成了競賽。就像環遊世界的旅客在護照上收集圖章，他們不用離開這個太陽帝國，就可以在小冊子上蓋滿旅遊地的圖章。

設計師菲利浦．史塔克（Philippe Starck）和旅館老闆怡安．史瑞格（Ian Schrager）二人合作，目前在全世界開設了八家摩根集團旅館（我相信未來還會開更多家）。有一天我發現我已經住過其中六家了，我很想利用去邁阿密的時候去「收集」第七家。不久的將來，我相信我會找藉口去住位於洛杉磯蒙德里安（Mondrian）的第八家，以完成我的收集任務。為什麼？姑且稱之為收集獎章效應吧。一旦你有了七個，第八個實際上看起來就是非要不可了。就像你讀了《哈利波特》前五集，或是湯姆・克蘭西（Tom Clancy）前十二本恐怖小說之後，你就很難拒絕最新的一集。

收集獎章做為一種現象，不論有沒有具體的獎章，都有其本身的生命。古典電影迷可能還記得《碧血金沙》（*The Treasure of the Sierra Madre*）膾炙人口的一幕，漢弗瑞・鮑加（Humphrey Bogart）和一群武裝歹徒起衝突，這群歹徒假冒成聯邦幹員，他不相信，要求看他們的徽章。就我記憶所及，電影中的歹徒頭子回罵道：「徽章？徽章？我們才不要臭徽章。」是的，你不需要徽章，但實體徽章和虛擬徽章都具有一定的意義，不管是象徵性的或是其他因素。當年舊金山巨人隊在寒冷的燭台棒球場（Candlestick Park）比賽時，球場非常的冷，我們（不騙你）會在七月裡穿上滑雪用的大衣連夜觀賽。這個過程非常辛苦，最後，巨人隊將之轉化成榮譽的象徵。如果你一直堅持到最後，看完晚上的延長賽，你就可以得到一枚好笑的「燭台十字架」（Croix de Candlestick），那是冰柱形狀，橘黑二色的金屬別針，讓你別在帽子或夾克上。相信我——那些死忠的球迷非常驕傲地戴著「燭台十字架」別針。幾年前，巨人隊遷到比較舒適也比較溫暖的SBC球場，但你還是可以在球場上看到一些老傢伙的帽子上還留著那些榮譽的象徵。

因此，把你最好、最忠實的客戶挑出來，協助他們，讓他們成為你產品和服務的鑑賞家。如果他們已經收集到你一半的產品，用另一半來引誘他們。給他們獎賞、標誌，在他們的護照上蓋章，給他們一個金星。你最好的客戶渴望有新的體驗。幫他們填滿勳章飾帶吧。

打造非凡

成為非凡企業的第一步就是不要再平凡下去了，體驗建築師是提醒你公司這件事的最佳人選。要想打贏競爭、勝過市場，並超越平凡，你就必須為你的客戶、合夥人，和員工創造卓越的體驗。而且如果體驗建築師能夠幫你做到此事，那麼，市場沒多久就會說，你那個團隊的確是與眾不同。

8 舞台設計師

每個組織（以及每個員工）表現的好壞，多少都會受到實際辦公處所規劃、設計，和管理的影響。

——富蘭克林．貝克（Franklin Becker）《辦公場所》（*Office at Work*）

舞台設計師已經成為整體IDEO精神不可或缺的一部分。從一開始我們就隱約認為，一間有創意的辦公室就如同設計完善的舞台或是電影布景，有助於整體的表現。而那些一直在修改我們辦公室設計和陳設的非正式舞台設計師知道，他們所支援的不只是我們的工作而已，還有企業文化。

幾年前由一個IDEO小組親自挑選，小心翼翼拋光的DC－3機翼，現在還掛在天花板上。大衛．立德頓（David Littleton）那串各種顏色的聖誕燈串終年在他的辦公室裡閃爍。羅比．史丹索在慕尼黑的辦公桌上還留著他所收集的「世界怪食」。有時候，同事間會惡作劇，當某人不在時，大家會同時去改裝他的位置。例如，丹尼斯．波伊爾（Dennis Boyle）的辦公室一角有來自巴黎咖啡館的條紋雨篷，還有一具十五英尺長的結構體，看起來像是巴黎鐵塔的一截。最近一個週末，有一組人趁財務長大衛．史壯不注意的時候，把他的位置改得像地方上的酒吧，原來的辦公桌竟變成了高腳椅、飛鏢遊戲靶，和吧台。我不知道他是否打算永遠保留這個酒吧氣氛，但一直到現在那些東西都還留著。

重點是什麼呢？我們是一家醉心於合作的公司，我們的專案小組鼓勵個人發揮所長。給員工更大的權限去改變自己工作空間的形式和特性，有助於強化公司，成為有趣、好客，和刺激的企業。這樣的自由和創意會幫你賺錢嗎？我以另一個問題來回答這個問題：有多少企業希望自己的辦公室是無趣、沉悶，而且缺乏精力和熱情？

內部空間和感官刺激不足

最早的《星艦奇航》（*Star Trek*）電視影集裡，企業號的寇克船長每星期都會在開場白裡提醒我們說，太空（譯註：space為雙關語，亦指空間）是「最後的防線」。相對於寇克船長一生都在外太空，舞台設計師卻花心思在探索另一道防線，你或許可以稱之為「內部空間」——我們大多數人都把工作上的精華時間花在工作和商業環境裡。為什麼我會認為這種空間（尤其是辦公室）就是「最後防線」呢？因為雖然精心打造的工作環境是企業創新文化的基礎，卻很少有企業能夠掌握其重要性。經理人在試圖激勵團隊態度和績效時，很少會思考空間的問題。

到聖地牙哥・卡洛特拉瓦（Santiago Calatrava）為雅典所設計的神奇奧林匹克運動場，坐在高聳的拱形結構間，你就不會懷疑舞台設計師的價值。到安德烈・巴拉斯（André Balazs）所開設的任何一家體驗豐富且獨一無二的旅館住一晚（像洛杉磯的史丹達〔Standard〕，或是邁阿密海灘的羅列

（Raleigh））, 你絕對不會認為你所住的地方不是專門設計來供你娛樂、玩耍的。但是當我們踏進大多數的辦公室裡，我們的感官就會因刺激不足而關閉起來。

平淡無味的辦公環境已經成為商業景觀的一部分，你進去沒多久就不會去注意了。商業奇才湯姆．彼得斯譴責這種「呆伯特村」，以及他所謂「無聊的大型廢墟」。他說：「枯燥，從接待區到研究室都很枯燥……讓精神損毀。在這樣的環境裡，幾乎無法想像會有人笑、哭、嬉鬧，或是做任何有趣的事！」我們都很清楚他的意思，我們也知道還有別的選擇。

許多公司也許會認為公司的室內設計屬於建築領域，是設備經理或空間規劃人員的事。員工可能會覺得他們很難去改變空間，否則室內設計對專業的人來說就太「鬆散模糊」了。但如果新創意就是你的事業，如果產生能量和熱情很重要，那麼，你團隊裡的每一個人，都可能因採用一點點舞台設計師的觀點而有所獲益。

糟糕的空間我們一看就知道，但還總是一直有太多的公司規劃出不良的空間出來。你也許看過老式黑白電影裡產業巨輪中的小齒輪那一幕，大型的辦公室擺滿了完全一樣、像工廠般的桌子和打字機。你也許會告訴自己，這明顯不利於創意和創新。但是在二十一世紀的今天，我們還是有太多人在無聊的方格子裡，沉悶地待了八小時。喔，雖然我們已經有電腦、行動電話，和網路印表機，但在空間方面還是沒有什麼值得稱頌的。

大多數公司的設備管理部門會有一個人負責全公司大大小小的決策，安排每個小組和部門的工作區位和座位。他們也許會定期請室內設計師和建築師來規劃新空間或是修改舊有的空間。我相信許多公司都可以讓更多人對辦公空間的具體細節扮演主動角色。舞台設計師把每一天都當成活化工作場所的機會。他們為「鄰居」團隊創造合作空間。他們會估算空間的表現情形，並微妙調整以符合你變化多端的需求。舞台設計師會平衡空間的隱密性和合作性，讓人有空間進行合作，但同時還保有一定的隱密性以專心做自己的繁重工作。他們創造專案的空間，讓案子可以在那裡進行數週或數月。他們能幫人移動和遷徙以形成新的團隊和有力的組合。舞台設計師是公司的「X因子」，協助公司起死回生的無形元素。在內心深處，我們都是舞台設計師——甚至連那些細枝末節的決策，諸如我們如何擺設自己的桌面、椅子，或是字典等，都能讓我們每天的工作起了很大的變化。

有些工作場所非常單調，所以，你只要拿掉一、二條他們對空間限制的規定，就能有所改善。也許你就在這種地方工作，也差不多該創新了。幾年前，我去拜訪一家僱用數百名創意人（藝術家、作家，和圖案設計師）的公司。當我和管理階層提到他們的工作環境時，他們提出最常見的反駁意見：蓋新的空間很貴，而修改空間則要花不少錢。

但我指出，有一項改變可以在二十四小時內完成，而且絕對不用花錢。我不知道什麼原因，他們還有

舞台設計師是公司的「X因子」，協助公司起死回生的無形元素。

一條古老的規定：「不准任何東西高出你的隔板四英寸」。他們是擔心會擋到其他隔間的視野嗎？還是擔心會破壞整體的平淡氣息？於是我告訴他們，把這條規定廢掉。只要丟出一封電子郵件就行了。雖然他們還在那裡工作，他們推出了一項競賽，針對個人和小組的工作場所，比比看誰的最出色。他們還有許多改善空間，但似乎已經有了一個很好的開端。而且，他們所花的錢之少，沒人比得上。

當然，全力追求創新的公司，他們所能做的，遠多於幾條規定鬆綁。例如，寶鹼最近對設計和創新的力量頗為重視，決定要找個地方專門培育有創意的新提案。我們協助他們設計了一個佔地一萬平方英尺的創新中心，他們稱之為「體育館」。其中有個決定很重要，把「體育館」的地點設在辛辛那提離寶鹼大多數員工不遠的地方——換言之，他們希望把「公司外」的東西，打造成「公司內」。合作是關鍵。他們有三個大型學習區，名為「提案空間」，用一些移動方便的家具和許多低科技的書寫板，加上並肩合作用的貼紙，進行公開設計。「體育館」融合了超現代和隨和性——那裡有一間非正式的咖啡店和最先進的資訊顯示設備。寶鹼想出一些文化上的指導原則來協助對創新還很陌生的員工，讓他們能夠充分利用空間。例如，在入口處，他們會請參觀人員檢查一下自己的傳統角色和態度。寶鹼把「體育館」視為小組合作和思考的地方，不只是為了新產品和新服務，還為了創新的過程，保持公司的領先地位。

我們在第六章提過，美泰兒也設了一個「公司裡的體制外」空間，以促進鴨嘴獸小組能夠創新成

適當的空間是維持不斷創新的神奇工具。

功。有些公司即使不太方便把空間挪出來供創新使用，但基於其他因素，還是必須培養舞台設計師。例如，每一家有價值的企業都必須招募優秀人才，而空間或許是個很大的訴求重點。在一九九○年代末期，矽谷陷入人才戰之時，當時正是第一波網路熱的高峰，我們招到幾位新人，他們說，他們之所以會選擇ＩＤＥＯ是因為在參觀辦公室時，覺得這似乎就是他們想要的工作環境。如果你辦公室的設計能夠更具吸引力，提升大家的工作意願（甚或稍微降低員工流動率），這樣的結果，連會計人員都會喜歡。

由於實務上很難證明好的空間能夠對營業收入的直接貢獻，舞台設計師有時候必須用盡各種方法才能說服公司把錢投資在空間上。但這障礙並不像拉斯維加斯的賭場那麼高。這些賭場從一九五○年代開始就一直在衡量改善空間所帶來的效益。讓旅館客人在進電梯之前要先經過曲折的吃角子老虎區，而不是長驅直入，「收益」因而增加了百分之〇．七。在休閒餐廳裡加上基諾遊戲（Keno）機台，原本只是損益兩平的營運馬上就開始獲利。沒錯，除了賭場這種化外之地的房地產外，好空間的價值並不是那麼容易就可以衡量出來。但充滿活力的空間和充滿活力的團隊，二者之間還是有相當顯著的關係。像皮克斯和eBay這樣的產業龍頭瞭解，他們具備高度合作性質的環境，是讓優秀人才感到快樂並充滿創意的主要因素。舞台設計師知道，對於要靠員工自由思考和發揮創意的公司而言，空間的重要性遠超過輔助性質。辦公空間可能就是形成概念，機會湧現之處。

這裡有個例子。幾年前，BBC負責寫實和紀錄片節目的創意部門，帶著一個困擾了他們好一陣子的問題來求助IDEO。為部門新節目絞盡腦汁的二十七名男女員工，自認辦公室的環境是次等的。這些員工似乎為他們乏味的總部感到羞愧，覺得辦公空間對小組的工作士氣毫無幫助。他們要我們倫敦辦公室和BBC合作，解決這個問題。有鑑於電視業會隨著節目不停地變動，他們選擇把焦點放在改善辦公空間以強化團隊合作。

IDEO所採取的第一步是設立一個專屬的腦力激盪區，裡頭有各式各樣的工具，從白板、大型貼紙，到耐用的簡報設備、舒適的座椅，和時髦的咖啡桌。腦力激盪區聽起來似乎只是個小東西，卻能發揮很大作用。幾星期之後，腦力激盪室變得非常受歡迎，各小組經常使用到晚上，而其他的辦公室早就關燈走人了。

全球最具創意的企業會利用空間來強化內部文化及外部形象。你是否也能把握住這個機會呢？

可隨客戶需求調整的專案空間是另一個立即可行的改變，一間設計來反應特色觀眾感覺的房間。例如，當該小組把重點放在吸引更多青少年觀眾的期間，創意人員可以丟幾張沙包椅或是舒服的沙發，四周貼一些流行樂團海報，並放一些流行雜誌和手工藝品，就像典型的青少年房間一樣，讓大家在這裡做新節目試播。其構想是，他們可以在類似年輕觀眾的觀賞環境中試映，從中體會這些觀眾的看法。而針對年長觀眾所製作的節目，同樣的地方可以改成像家一樣的場景，壁鐘掛在模擬的火爐上方，時間設定成晚上九點，而餐桌上則放著一壺茶。對電視業變化無常感到陌生的人可能會認為這個觀念有點怪，但這個專案室很快就成為大家評論新構想和試播時，最喜歡去的地方。此外，還有一個「集中所」來提供過去老辦公室所缺乏的東西——和同事混在一起，吸收團隊外界想法的機會。在咖啡廳和個人電影院的對面就是這個「集中所」，這裡已經成為最受歡迎的交誼中心，很多BBC員工會到這裡來喝杯茶，觀賞英國足球賽或是試映節目。

最大的突破或許就來自最直接的做法：設立推廣新節目專用的會議室。在這會議室尚未設立之前，該部門很少邀請外面的人到公司開會，而是去租BBC外面的會議室，或是把會議安排在獨立製作人的辦公室，因為那裡更適合作簡報。如今，他們有一個設備完善而先進的會議室了。

或許有人會不以為然地說：「那又怎樣？」這些改變，單獨來看似乎毫無特殊之處。但舞台設計師瞭解結合成整體所發揮的力量。這些以專案為基礎、便於合作的空間合在一起之後，該部門就有了新動力。根據BBC的報告，這個部門的節目權利金收入，在工作場所經過重新規劃後，明顯增加了。因此（我們可以說）營業額大幅提升。如果一個創意部門能夠把工作成效提升一倍，誰還會去質疑重新裝潢所耗費的成本和心力呢？

不論你是做哪一行的，你都必須不斷地提出新構想，並找出方法實現。別忘了把改善空間當成你的手段之一。也許，這樣做所能增加的創新無法具體衡量，但這並不表示你不該去試試新方法。

進入一個新紀元

我在俄亥俄州北部長大，代表「家鄉」的棒球隊是（實力不怎麼樣的）克里夫蘭印地安人隊。從我小時候開始，一直到二、三十歲，印地安人隊都是美國棒球界最「抱歉」的球隊。我承認芝加哥小熊隊有幾年也是敗績連連，但至少小熊隊還很討喜。而印地安人隊就是一個「糟」字。他們不僅從未在冗長的延長賽中贏過分區冠軍，也從未有一個球季勝率超過〇．五。好萊塢拍《大聯盟》（*Major League*）這部喜劇要找個爛隊來諷刺時，克里夫蘭印地安人隊很容易就成了首選標的。

但是克里夫蘭印地安人隊在一九九四年進行了一項卓越的轉型工作。基本上，那一年的教練和球員都沒換。他們在同樣的城鎮打球，看球的還是同樣的球迷。但有一個重大的催化劑促成了九四年的改變：球場。印地安人隊終於搬離艾略湖（Lake Erie）大而老舊的市立球場，在那裡，雖然可以容納八萬名球迷，但到場觀賽的經常不到十分之一。印地安人隊放棄了那個折磨人的大球場之後，遷到只有四萬個座位卻小巧溫馨的傑可布球場（Jacobs Field），當地人稱之為「傑克」（The Jake）。這座球場就蓋在市中心，而且前五年比賽時場場座無虛席。突然間，克里夫蘭就像電影《小熊出擊》（*Bad News Bears*）一樣，大多數球季都能在美國棒壇上創下佳績。但運氣不好，碰上了一九九四年棒球罷工，取消當年度的賽事。但一九九五年，四十多年來第一次，克里夫蘭印地安人隊贏得了冠軍，證明俄亥俄州人認為印地安人隊只能在一旁涼快的理論是錯誤的。

如果克里夫蘭印地安人隊可以靠著改變球場（改變球隊的工作環境）來催化，把一個爛隊轉化成最佳球隊，那麼，你團隊所需要的，也許也同樣是一個新舞台來發揮潛力。你公司的人才究竟是像我

有時候改變競技場就能改變球隊的表現。

小時候倒楣的克里夫蘭印地安人隊，或是年年稱霸的紐約洋基隊並不重要。如果只要把工作環境重新設計就能讓你的團隊無往不利，誰不願改變呢？

此外，傑可布球場不只是有助於球隊改造，讓股東獲利，還有助於整個城市的新發展。新球場刺激出一波波的新活動，包括搖滾名人堂（Rock and Roll Hall of Fame）、世界級的科博館、ＩＭＡＸ戲院，和一系列的小型改善措施以提升整個城鎮的經濟和精神生活。因此，即使改善之後的新克里夫蘭印地安人隊，現在還沒有打進冠軍賽，但球場對於球隊和社區的正面效果依然存在。聰明的舞台設計師可以影響大局。

不斷調整的創新

就如同設計完善的球場有其生命力，優良的幼稚園教室持續反射出一波波的原創力。五、六歲兒童的創造力還沒受到訓練的蹂躪，因此幼稚園的小朋友總是會提出新點子。大多數的幼稚園教室充滿了活力，環境也一直在變動。裡頭的任何東西都可以調整，以支援或配合他們所要做的活動。把桌子移到一旁以騰出空間，調整教室角落以配合特殊案子。機動性和彈性可以促進活力、讓人興奮，並提升創造力。

你會說，這是小孩子的把戲。喔，我願意大膽告訴你，美國有幾家最具創意的公司，在空間的運用上，就是採用類似幼稚園的方法。我們以喬治．盧卡斯（George Lucas）的工業光魔來說吧。這家公司三十多年來一直是影片特殊效果的創新者。工業光魔（Industrial Light and Magic）在星際大戰第一集非常成功，讓盧卡斯得以在加州北部建立電影王國。這家數十億美元公司的祕訣就是願意為了追求視覺效果上的突破，而在技術上、創意上，和財務上做大型冒險，好萊塢很少有公司願意採用這樣的策略。

由於工業光魔創意小組的精神和IDEO小組很契合，我們花了很多時間交換彼此的事蹟和構想，偶爾還交換員工。盧卡斯能夠長期成功，理由很多，但下面這個原因你也許不知道：工業光魔在工作場所上採用非常彈性的做法。他們依照專案來配置員工，工作分量變化極大，電影開拍時工作很重，而「殺青」之後卻突然沒什麼事。

工業光魔在空間上，不只是能夠輕易運用你周圍各種尺寸的模型來表現驚人創意和刺激，還隨時能夠重新規劃其多功能的辦公室環境，以迅速配合專案小組多變的需求。在工業光魔，舞台設計師經常在工作。最近他們有一位高階主管告訴我：「有時候，我認為工業光魔的英文字母簡寫ＩＬＭ代表：『I Love Moving』（我愛搬家）。今年我們大概搬了八百次，而我們整個園區也不過就是一千二百名員工。」如果那聽起來讓你覺得有點浪費，也很麻煩，你不妨參考這個觀點：如果待在同一個地方太久，以致於阻礙了你運用新團隊處理新計劃的能力，其代價更為昂貴。在經常變動的工作環境中，可以避免員工「卡在老地方」：以同樣的思維模式，對著同樣的一小群人說話。

你工作的地方是否過於靜態？你是否該讓員工換一下位置？你是否讓人性中反抗改變的天性阻礙了你推出更新、更具創意的員工組合？

也許，就像幼稚園一樣，你該到各處蹦蹦跳跳一番。

大搬家

這是個舞台設計師的大難題：如果你根本就無法搬離平庸的建築或是搬離壞鄰居時，該怎麼辦？或是，舉例來說，你被長期租約給牽制住時，該怎麼辦？有時候，你需要把問題調整一下。即使乍看之下別無選擇，你也要找出新的空間方案。

我剛進這行，幫利惠公司（Levi Strauss & Co.）做案子的時候，第一次聽說他們就在營火邊閒聊時，產生重新規劃辦公室的想法。在一九七〇年代中期，利惠的執行長小哈斯（Walter Haas, Jr.）很後悔把公司搬到舊金山三十四層樓高的安巴卡羅德中心（Embarcadero Center）。這個地方對其他公司也許很不錯，卻不適合利惠。由於他們和其他公司共用大樓，所以利惠的團隊沒有像樣的大廳。要泡杯咖啡還要大費周章去搭電梯。玻璃隔間既缺乏隱私，也不能培養同事情誼。但小哈斯即使打從心裡不喜歡新辦公室，卻只能深陷其中。他覺得自己被眼前這個昂貴的二十年租約給綁住了。

有一天晚上，小哈斯在蒙大拿州的荒郊野外，向不動產開發商葛森・貝克（Gerson Bakar）吐露心聲，說他覺得自己被關在象牙塔裡，而公司也失去了大家庭的特性。那天晚上，他們就坐在營火旁，貝克開出非常特別的條件。他建議在舊金山市區附近找一塊像校園一樣的地進行開發，按照小哈斯的想法蓋新總部，安巴卡羅德中心的租約則由他來承接，而向利惠所收的費用，不會超過當時的租金。

貝克隔週回到舊金山之後就依照約定開始進行開發工作——在頂尖建築師的協助之下進行。經過幾次簡報之後，利惠的高階主管和員工就簽署同意。利惠大樓於焉誕生，這棟大樓位於舊金山電報山（Telegraph Hill）山腳下，是低樓層的磚造建築，園區也很低調，員工和高階主管都很喜歡。我那時期經常和利惠合作，有機會去拜訪新舊二棟總部。這二棟的陳設是大異其趣。舊總部優越而冷酷，新總部卻展現開放合作的氣息。每一層樓有個大型陽台，很適合做為隨興的會議場所或喝咖啡休息。訪客和員工都很欣賞這棟氣派大方的大樓以及佔地三英畝的寬敞庭園，裡頭有迎賓噴泉、綠草如茵的山丘，以及花草樹木。我特別羨慕利惠大樓，因為我的公司就在利惠搬出來的安巴卡羅德二期的後面。

我發現這個故事相當具有啟發性，因為這證明了只要有正確的態度（以及舞台設計師的彈性），你就能克服萬難去改變空間。誰說你註定要待在蹩腳的建築裡？利惠的高層坦然承認搬到安巴卡羅德大樓是個錯誤的決策。而且他們也願意去考慮激進的解決方案。

該公司決策錯誤，搬到安巴卡羅德中心，從某個角度來看，就是個原型試驗。教訓呢？有時候你必須要有想像力和勇氣，承認你該搬到更好的地方。

與空間產生連結

舞台設計師關心空間和人類行為間的關係。他們思考如何建立連結，並努力實現。

例如，我們來看看一般先入為主的觀念。走道是為了快速通過。教室是為了關起門來上課。對吧？IDEO和加州大學爾灣（Irvine）分校合作的專案小組，最近把這些長期的刻板想法放在顯微鏡下仔細檢視。他們能夠用的時間不多。他們對走道和教室進行觀察。他們去拜訪學生和教授，並在公共場所及私人場所四處遊蕩。

他們發現了什麼?學生認為上課是個會面點，也是後續學習的起跑點。課堂，不只是聽教授講課的地方，也是你和其他同學碰面的地方，然後再一起到其他地方認真地共同學習。他們注意到學生會試著在走道上集結。為什麼不把這個趨勢做進一步延伸呢?他們提出這個疑問。他們所採取的解決方案是在幾條主要的走道上設立「幾乎就是」房間的地方。那是沒有門的「凹室」，裡頭有白板、筆記型電腦插座，和平板監視器供同學交流合作。學生可以上「驚奇房」(Room Wizard)系統去預約使用這些房間的時段，這套電子訂房系統是由IDEO和鋼櫃公司所共同開發的。凹室提供有如大道旁咖啡雅座的開放性以及圖書館角落的隱密性。這觀念馬上大受學生歡迎。

看看你的組織四周。你是否有不少無聊的走道呢?你是否可以做些簡單的變化，就能促進即時互動和輕鬆合作呢?有沒有哪個角落或地點可以放些咖啡桌和椅子，就成了自然的聚會場所呢?

拆掉你的大廟

你在設立辦公環境時，鐵定會碰上個人主義問題。擁有權力的人，往往會把辦公室或建築視為自己的成就象徵。到羅馬或巴黎旅行，你就會瞭解這點，當然，到時代廣場(Time Square)或華府特區去看也是一樣。

因此，今天的執行長、企業領導人，或其他專業人士為什麼會有不同的行為？因為世界已經變了。因為你所能達成的，遠比你所能累積的還要重要。優良的空間設計讓你的事業得以調整並成長。這樣的設計，可以肯定你的優點，並反應企業的彈性。不受制約的傲氣，對公司沒什麼幫助。卻只會傳遞一個訊息：你重視的是既有成就而非過程或客戶。

我們曾經在一家知名的醫院和一群心臟外科醫師合作過，他們有充分的理由為自己的工作感到驕傲。他們每天都在救人，贏得同儕和社區的尊敬。他們非常清楚自己要的是什麼（而且他們也覺得自己應該得到這些東西）：一個專屬心臟外科手術病患的出入口，一般病人不能使用。一座通往他們專業的廟宇。

我們感到很好奇，究竟一家醫院要有幾個入口才夠？接著，我們去聽取醫師和病人的看法。我們在大門口、大廳，和病房裡做觀察。而且我們還找這些外科醫師參與整個親身體驗的過程。扮演病人的感覺如何？我們問道。你進來接受開心手術時的感覺如何？最少，你會感到焦慮。你從獨立的入口進來（而這個入口專供罹患恐怖健康問題的人使用），會減輕你的焦慮嗎？這樣的入口會對你的心理產生什麼影響？

我們讓外科醫師做最後仲裁。他們依然喜歡獨立入口的想法，但他們做完親身體驗的練習之後，想到了其他的方法。我們建議不用獨立入口，改以大型電扶梯上二樓。這個設計可以兼顧心臟病患（不必走路）以及外科醫師（獨特的上升式入口）。電扶梯可以凸顯心藏外科的專業性，卻不至於招搖，也不會讓進來的病人有過度恐懼的風險。

你可能不是外科醫師，但你很可能對自己的工作感到驕傲。看一下你的辦公室，並問自己辦公室是否釋出正確的訊息。你的成就是否孕育出驕傲的廟宇？或者，你的辦公室對合夥人及客戶普遍釋出善意，歡迎他們？辦公室有空間讓你獨自工作，但有空間讓你和其他人合作嗎？

你要設計什麼樣的空間來實現你的想法呢？

你的成就是否孕育出驕傲的廟宇？或者，你的辦公室對合夥人及客戶普遍釋出善意，歡迎他們？

紙牆

每家公司都必須在私密空間及合作空間二者之間做取捨，以取得適當的平衡。在IDEO，我們的工作性質需要合作，因此，大多數的空間都必須講求團隊合作。我們喜歡開放式的規劃，有許多專案鄰居，並在小組會議中分享空間。

當然，有些企業文化比較需要私密空間。例如，我們知道有一家知名的公司在招募高級軟體工程師時，就以提供個人辦公室做為福利的一部分。起初，這家公司的想法是利用玻璃牆做辦公室隔間，讓團隊成員能夠有視覺接觸，卻不會受到聲音干擾，兼顧隱密性和合作性。新來的程式設計師喜歡這種隱私和光線的組合，然而，一旦他們把空間據為己有之後，馬上就在窗子貼上紙張，把半隱私的辦公室改變成，喔，一座紙糊的巢穴。開放空間進行合作的希望也就因此跟著破滅了。據傳該公司瞭解這些人的辦公室是團隊合作的障礙，但卻不敢下手把程式設計師引出他們的紙巢穴。

我喜歡這個故事，因為它告訴我們，如果舞台設計師忽略了人性脈動的力量會發生什麼問題。原本給這些軟體專家的辦公室就是要讓他們有隱私。那麼，他們自行改善空間，提升隱密性，又有什麼好大驚小怪的？請記住人是空間的X因子。絕對不要忘記人對空間的可能反應——不論是合作或是隱私。人才是最後的決定者。

追蹤調整

大多數的舞台設計師都想要創造有效的空間，然而，有時候，理想和現實之間還是有所差異。例如，在和西海岸大學（West Coast University）合作的一個案子中，我們發現供學生使用的公共空間很少。我們就這個明顯疏失提出問題，一名大學行政人員指著一處空著的庭院，要我們去看。這塊廣場大小的空間顯然是想要作為公共資源區。原先的建築設計和地面規劃看起來似乎也還不錯。但現在的設計卻讓學生卻步。沒有誘因吸引學生去走走，或是經過這塊廣場。是的，這看起來像是公共空間，但IDEO小組卻看不到一個人在使用。沒有隨興的聊天。沒有即興的讀書討論會。那塊空間是死的。

我願意說，每家公司實際上都有一些死空間。也許你會為了一個有價值的目的去設計或有所預期。但隨著人員不斷的改變和適應，這塊地方就被冷落了，像個鬼城。你可以重新規劃這些被遺忘的地方，把一些團體活動安排到那裡，把那裡改成專案室、互動展示所，或是發布業界新趨勢的地方。我們在一家公司發現，只要擺一台高壓咖啡機就可以把沒用的空間變成熱門地點。

有個好消息要告訴舞台設計師。你不必馬上為這些被忽略的空間想出面面俱到的使用目的。人們一旦發現了這個地方，他們很可能會發現新的用途，而且他們也會漸漸地建立新的生活習慣。《全球要覽》（*The Whole Earth Catalog*）創辦人史都華・布蘭德（Stewart Brand）認為建築會隨著時間調整或「學習」，因為裡面的住戶會根據變動的需求來塑造建築物。舞台設計師最大的挑戰就是創造一個可以優雅學習的空間，迅速支援不斷創新的動態小組。

建立創新實驗室

創新，需要一個可供發展和成長的地方。一個可以讓小組人員會面、交換意見、拼湊原型，和展示成果的地方。一個可以讓創新人員當做家的地方。我注意到設立創新實驗室的公司經常會出現一波創新潮。這未必會成為一種效應，但二者之間還是有相當的關聯性。我們看到很多企業在公司園區設立成功的創新實驗室，而不是在公司外頭眾所周知的破實驗室裡。設立適合你團隊的創新實驗室也許需要經過嘗試錯誤的過程。從簡單的開始做，然後沿路一直學。

創新實驗室的基本要素

一旦你開始做之後，創新實驗室就會自我發展，因此，第一步是最難的。如果你是第一次做，下面有些要訣也許對你有幫助。

○設一個可以容納十五到二十人的空間，即使計劃的核心人員很少。實驗成果（甚至是半成品）必須和許多同事分享，而最好的場所就在你的實驗室。不要把空間弄得太小了，以致於無法做群體展示或是群體學習活動。

○空間要專屬於創新。你的創意工作需要在沒有時間表，或是沒有進度的情況下進行。工作場所專家稱之為「資訊的堅持」，但我把這個看成保持團隊的動能。

○保留足夠的空間做為畫板、地圖、照片，和其他視覺效果的用途。不管是地板或牆壁，不要用精緻的表面或是昂貴的建材，那會產生拘束效果，讓人不敢放手大膽去使用。我最近參觀一家公司新設的學習中心，這個中心會讓許多創新團隊羨慕不已。但是當我們進行小組活動，要貼上大型的互動海報時，卻受制於「不可以在有油漆的牆上貼東西」的規定。這個清新美麗的場所，在無意間，竟成為創意交流的障礙。別讓你的創新空間發生這種事。

○把你的實驗室設在對大多數組員都很方便的地方，要近到讓兼職的組員可以隨時接到通知過來看一下，但也要夠遠，讓他們聽不到自己座位上的電話鈴聲。

○顏色的貼紙、遮蓋膠帶和防水膠布、發泡材料板和布告板、剪刀、美工刀、空白的故事板、用來繪製概念的粗字馬克筆、研究工具組，以及其他東西。

地點的力量

也許，你並不認為自己是個舞台設計師。也許，你只是每天克服一點問題，以保持辦公室順利運作。喔，別擔心。即使只是小小的調整也有很大的作用。我的好友湯姆．彼得斯教我一個簡單卻發人深省的空間道理。如果你要讓某件東西變得很重要，那就把它放在你無法避開的地方。把有用的東西放在顯眼的地方。

湯姆和大多數人一樣，擁有一套厚重的完整版字典，擺在家中的書房好幾年了。他兩三個月才會把這個大部頭從書架上拿出來，放到書桌上查一個字。後來，有一天他在帕洛奧圖市的古董店發現一只楓木製的圖書館式字典架，可以把參考書籍擺在上面打開，供人隨時查閱。現在，湯姆表示，他在家裡工作時，一天會查二到三個字。這麼簡單的動作，把字典打開放在更方便查閱的地方，而不是塵封在書架上，讓他查字典的次數，幾乎是以前的一百多倍。

你會採取什麼行動來讓事物變得更重要、更易於使用？你能夠對空間做個小調整而改變行為嗎？零售商天生就瞭解這個原理，例如，他們知道擺在超市走道前端（或稱為廊端貨架）的商品，比隨機放在標示不明的貨架上賣得還要快。身為作者，我很清楚，書店前那個「本月新書」專櫃的價值。雖然當你調整辦公室環境之後，要衡量每平方英尺所產生的成功銷售可能不是很容易，但我相信，所產生的效益甚至可能還會更大。考慮一下你的訴求重點，像合作、創造力、或是你對某個領域的特殊熱忱。然後做實驗進行微妙的調整。也許事情很簡單，只要清掉一些不用的檔案和書籍就可以了——騰出空間來做你真正要做的事。留點空間給你的助手有地方擺張椅子。做個布告欄，上面貼滿各種激發你思考的瘋狂點子與文章。如果你想要有同伴或是經常和人聊天，在你的辦公桌附近設個飲水機（或咖啡機）。試一下吧！你也許會發現小小的變化就能發揮很大的改善作用。

談到移動重要物品，有什麼東西會比你自己還重要？自己到處走走是很有用的，不只是保持事物的新鮮感，還可以尋找更適合你工作風格的擺設。高階主管一路升遷，導致他們的辦公室越來越大，同時也離同事越來越遠。隔離，也許可以帶來隱私和地位等好處，但有時候我們處在人群中，感覺會更好。我們來看看學術界這個奇特的例子：法蘭克．波以登（Frank Bcyden）是麻省知名的鹿野學院（Deerfield Academy）校長，他用很特殊的方法和學生保持聯繫。波以登和那些高高在上的行政主管不一樣，他想出一個聰明絕頂的方法，確保自己每天可以看到每一名學生。在蓋新學校時，波以登要求建築師把走道的某一處加寬，好讓他把辦公桌放在中間，就好像走道上的小島一樣，讓學生人潮從他兩旁流過。經常的互動，提供他對個別學生以及全體學生充分資訊的直覺，讓他有一種不可思議的能力，把士氣上

對法蘭克．波以登來說，重要的地點並不在頂樓的高級辦公室。而是在他所關心的人群當中。

的小問題在還沒惡化之前就解決掉了。波以登享有全美最重要校長的美譽，也是約翰・麥克菲（John Mcphee）《校長》（*The Headmaster*）一書的主角。對法蘭克・波以登來說，重要的地點並不在頂樓的高級辦公室，而是在他所關心的人群當中。

我知道法蘭克的想法。沒多久之前，我搬到IDEO總部大樓二樓的新辦公室，和幾位高階主管在一起。裡頭的陳設都是高階主管所渴望的。窗戶的視野、寬敞的空間，以及超棒的隔音效果。重點？我的辦公室被隔離了，我很少見到其他人。我們怎麼做呢？我們高階主管群放棄了臨窗的位置，把我們的辦公室縮小了將近百分之五十。景觀沒有了，隱密性也不見了，但突然間，我離每個人每天領取午餐的地點只有籃球跳投的距離。只要五步就可以走到大家隨興聊天的中央廚房，每天有一百多人去那裡泡咖啡、拿焙果和喜瑞爾。我的地方也可以聽到我哥哥大衛和執行長提姆・布朗辦公室的聲音。旁邊就是我們放各種雜誌的大型書架。我的辦公室從看不到任何人變成幾乎可以看到每一個人──包括從世界各地來到我們這裡拜訪的客人。

現在，一天當中，我可以聽到非正式對話的一些片段，讓我真正瞭解IDEO發生了什麼事。我覺得我和組員接觸更頻繁，也更加緊密地連在一起。所以，下次你關上你的辦公室大門時，或是躲在隔間裡的時候，考慮一下，也許那正是你該走到公司人群當中的時候了。你要如何做，才能讓你的辦公室更像公司的一部分呢？

別讓空間成為你事業上最弱的環節。運用舞台設計師的力量，把你的工作場所和辦公室變成最多元，最有力量的工具。優良的空間可以提振士氣、改善徵人作業，甚至提升你的工作品質。把人員放進優質的工作環境，你也許會發現他們好像喜歡在辦公室裡留得更久，工作也更賣力。也許你的工作團隊已經是最優秀的了，只要有合適的空間，就能讓你有所突破。

幫你的團隊設計舞台，你也許會為他們的優異表現感到驚訝。

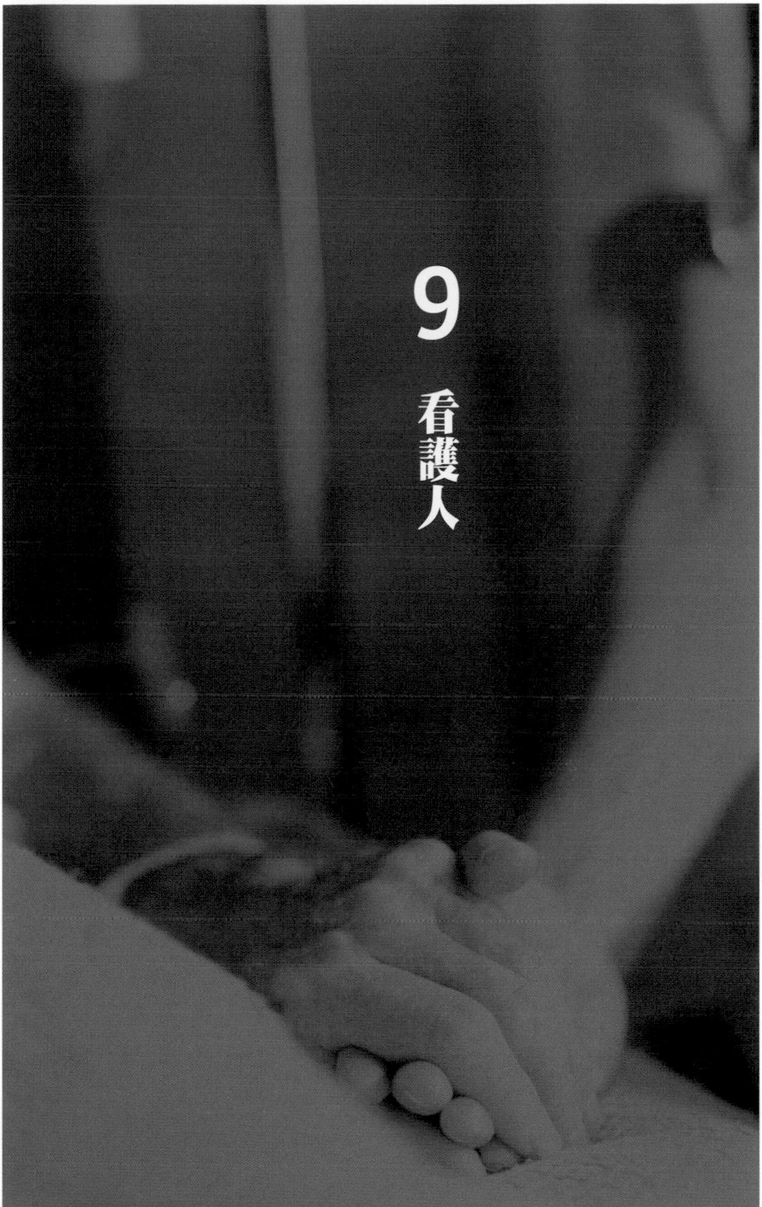

9 看護人

一次考慮一個客戶，盡全力把他們一個個照顧好。

——蓋瑞．卡默（Gary Comer），地角公司（Land's End）創辦人

看護人是人力創新的基礎。專業而熱忱的醫師和護士代表最純正的看護人。回想一下好醫師所帶給你個人的最佳感受，他們以專業的方式來照顧你，同時，他們為你所做療養的方式，除了你家人之外，幾乎無人能比。也許你母親是那種當你膝蓋破皮或重感冒時對你呵護備至的母親。當我們去看牙醫、小診所，或是個人醫師時，我們所希望的「看護人」就是像母親這樣。而這種模式，完全適用於各種行業。

醫療照護是終極客戶服務最有力的比喻。這個比喻並不是指行政上的困擾或是保險理賠上的書面作業，而是指一位有天分的醫師或護士實際在照顧你的時候，或是當專業的醫療人員集中精神對你做一對一服務的時候。熟練的醫師會運用所學和經驗來為你診斷、治療、監控病情，或只是讓你覺得更舒服。當他們在做重要決策，決定如何醫治你的病，照顧你的健康時，就在這個時刻，你覺得你就好像是宇宙中心。最佳的看護人會散發出能力和信心——讓你想到「臨床態度極佳」這句話。他們經過深思熟慮再回答你的問題，並且幫你化解一些憂慮。他們對你，也許不必花很多時間就可以發揮神奇的治療效果，但他們來看你時，會讓你感到非常放心。他們以看護人的技巧讓你的病情好轉，你會覺得很安心。

我們都渴望有個好看護人。至於其他的行業，為什麼個人訓練師這麼受歡迎？為什麼美髮師供不應求？想想看優秀的女服務生或是餐廳老闆，他們對你重視有加——他們就是看護人，讓你覺得你是房間裡唯一的客人。看護人會設身處地為客戶著想。他們努力延伸彼此的關係。他們作示範而不是在教學。他們非常善於指引你做選擇。

看護人花很大的工夫來瞭解每一位客人。為什麼？因為最好的照顧要能滿足個人興趣和需求。就如同好醫院結合效率和溫暖，好的服務在完成手上工作的過程中，會待你如上賓。想想看那些讓你在收銀機前排隊等候時感到生氣的事。銷售人員把你尷尬地留在那裡，轉身先去服務別人，或是在你結帳到一半時，竟講起行動電話來。小小的差異，會產生天壤之別，讓你覺得「備受禮遇」或是，相反的，讓你覺得自己像個由乏味的服務機器所處理的「客戶單位」。看護人知道，很多服務可以更簡單、更有人情味。

為了要瞭解這個原理，讓我們一起去醫院的急診室看看——看護人的最前線。聖路易市ＳＳＭ帝波健康中心（SSM DePaul Health Center）的執行長羅伯．波特（Robert Porter）是第一位把ＩＤＥＯ的人本設計工作和困難的醫療照護服務業連結起來的醫院高階主管。在各項主題中，他特別要求我們去瞭解急診室病患的體驗。（幾乎我們所有的醫療客戶現在都稱之為急診部，反應出急診只是複雜企業體

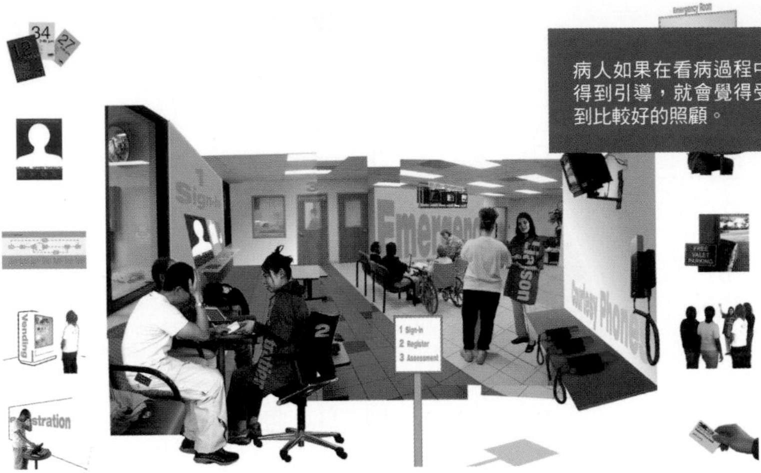

病人如果在看病過程中得到引導，就會覺得受到比較好的照顧。

中的一個小單位這個事實。）我們做了我們經常做的人類學觀察——一名IDEO人員假裝腿斷了，然後想辦法把他整個醫院的體驗過程拍下來。我們看到許多證據，發現人們進到急診部之後，要承受相當大的壓力。我們也發現，在收病人時，該部門覺得非常困惑，也有很大的挫折感。我們怎麼做？我們設計了一張簡易地圖給員工，讓他們發給每位進來的病患——急診的七大步驟，從篩檢分流護士那關開始，處理保險事宜、經由護理師評估，再由醫師問診、到其他各個步驟。

我們注意到一件事，第一次到醫院的病患沒辦法正確分辨裡頭的員工。那裡有護士、行政人員、技師、醫師，和放射科醫師。幾年前，我們的舊金山辦公室為IDEO小組做了一套「棒球卡」，幫新客戶認識小組成員。我們把這個構想應用在帝波的案子上，建議他們為這些看護人設計棒球卡。棒球卡和傳統的名片不一樣，不會搞混，採直式設計，上面有照片和個人的背景資料（他們是誰，擔任什麼工作）。這套卡片把員工資料人性化，建立親切感。這個構想似乎是一種簡便的方法，把病患的孤獨感轉化成人性化的接觸。在病人處於非常大壓力的情況下，多提供他們一些資訊、指導和探索，可以讓他們感到非常舒服。

沒錯，IDEO和帝波的專案小組並沒有去調整看病時的實際診療程序。我們並沒有改變醫療過程。但帝波跟我們說，這個小案子所推動的程序和文化上的改變，已經改善了病患的感受。有哪些差別呢？有一樣改變，我們把整個步驟清楚地列示出來。我們解釋了整個過程。你要從哪個地方開始。看醫師之前你必須填哪些表格。在哪一個階段醫師會決定要你住院或讓你回家。這是部分和整體間的差異。我想，像這樣以病患為中心的探討，可以協助醫院改善，從「看韓德森太太的盲腸『轉變為』看韓德森太太」。

當然，大多數公司並不是從事醫療服務。但是我們所學到的心得是：把複雜的體驗整理成便於掌握的步驟（變成簡易而人性化的醫療過程），可以直接運用在其他許多產業上。

個人品味

例如，我們來看看零售業的情形，買一瓶適合自己口味的酒，常常會讓人感到挫折。對生手來講，即使只是中型的酒舖，一大堆的選擇也會讓人頭昏眼花。價格差異非常大，除了嚇人之外，更令人不知所措。而且在某些酒舖，問一些幼稚的問題似乎就等於承認自己的弱點。

賈許・威森（Joshua Wesson）是最佳酒窖（Best Cellars）的共同創辦人，他掌握到一個簡單的事實：雖然很多人喜歡喝酒，但神祕而深奧的儀式，以及業界那種身段和排場，經常讓人敗興而返。我最近在一個澳洲酒商的活動上碰到賈許，發現他改善了買酒的體驗，也對他所建立的服務和關懷水準相當欽佩。他把整個事業建立在買酒更為個人化、更簡易，及更有趣之上。他喜歡說：「我們瞭解酒，而你瞭解自己喜歡什麼。」他的整個門市體驗，結合雙方所長，產生令人愉快的結果。

他的酒價格低廉，從五美元到十五美元，而且廣獲媒體好評，從《紐約時報》到知名的品酒雜誌。他用明快的方式，讓客戶不必成為葡萄園、葡萄收成，和葡萄品種的專家也能享受買酒的樂趣。最佳酒窖把這些複雜的因素簡化為白酒的四大口味類別——鮮（Fresh）、熟（Soft）、甘（Luscious），和氣泡（Fizzy），以及紅酒的四大口味類別——汁（Juicy）、順（Smooth）、濃（Big），和甜（Sweet）。形容詞也有助於描述這些口味類別，像「濃醇、有勁、令人滿足」用來形容「濃紅」（Big Red）酒類。精心設計的圖案和內部裝潢也可以幫忙導引有興趣的客戶。顏色代碼的圖像讓你知道到哪裡去找甘美的白酒或是滑潤的紅酒，而酒就陳列在架子上，透過背光凸顯主題，有如高檔的精品（感謝門市設計師大衛・洛克威爾〔David Rockwell〕幫忙設計最佳酒窖的曼哈頓旗艦店）。

流覽最佳酒窖的網頁可以獲得更多互動上的協助。例如，你可以作一份品酒測驗，回答一些像「你最喜歡哪一種糖漿薄餅？」這類的難題，以決定你喜歡的白酒種類是「鮮」還是「柔」。門市每週舉辦三次試喝活動，鼓勵客戶多試一些口味。目標在於包容性。最佳酒窖的中心承諾是「我們試著去除你在品酒享受上的障礙。」我覺得很奇怪，為什麼沒有人開課教其他企業這個觀念。找出每一個妨害客戶接觸你商品的障礙，特別是針對第一次來消費的客戶。然後結合簡單、明確溝通，和以客戶為中心的設計等方法，有系統地一個個加以解決。

我碰到賈許時，他跟我談到一些他們店裡面所介紹的配酒活動，符合業界傳統的酒菜搭配手法。但最佳酒窖的搭配方式更超越了一般的方法。傳統的搭配方式，幾乎總是拿酒來配美食，賈許告訴我，他非常樂於用他的酒配你所吃的各種食物，包括花生醬三明治或大麥克漢堡。賈許堅信，去除酒產業那種裝腔作勢讓人莫名其妙的作風，會是很好的事業。

晚上，這位企業家請大家去試喝他們的酒，這件事對我來說，至少證明了他們門市的訴求重點是對的——對大多數一般場合來說，好好地挑一瓶十五美元的酒就很不錯了。我們嘗過二種滑潤的紅酒之後，他要大家投票，看自己喜歡哪一種。我們大約各有一半的人投到一號酒和二號酒。他向大家透露，二號酒其實比一號酒貴，接著他問那些選二號酒的人，是否比一號酒好超過百分之二十？有嗎？那麼有兩倍好嗎？三倍好嗎？「我希望你們認為有六倍好。」賈許接著對我們說：「因為那瓶酒

最佳酒窖會照顧客人，不講究派頭，並協助大家找到自己所喜愛的酒。

的價錢是我們那瓶的六倍——九十美元。」我再嘗嘗第一瓶酒（十五美元那瓶），發現真的和很貴的那瓶紅酒差不了多少。

那麼，最佳酒窖的成就是什麼呢？他們讓人在走進酒舖時的感覺更舒服。他們讓客戶對自己的選擇更有信心。最佳酒窖就像個永遠歡迎新會員的俱樂部。這正是看護人這個角色的功能。賈許・威森知道，關心和服務能夠帶給你非常好的消費體驗。

賈許針對大眾化酒類調整做法，非常成功，但同樣的原理也適用於高階市場。幾年前，我一位精通零售業的朋友指出，現在第凡內的廣告裡經常提到他們貴重珠寶的價格（這在奢侈品上是很罕見的），例如「項鍊，一百美元起」或是「第凡內訂婚戒指，一千美元有找」。「知道為什麼會這樣嗎？」我不知道。這是為了降低恐懼因素。這是為了讓你知道，如果你跟第凡內的店員說，這就是你的預算，她們並不會嘲笑你（當然她更不會瞧不起你）。是的，你當然可能在那裡花了比原先預算多一點的錢。也許多出很多。但恭喜第凡內，因為他們做了這則廣告，讓你覺得到那裡購物，不是坐豪華禮車去的，也不會感到不自在。還有，如果你還在用排斥和不必要的複雜氣氛來嚇阻你的入門級客戶，當他們變成了別人的客戶，而且一去不返時，你不用感到意外。

手慢，車快

有時候，我們可以在最奇怪的地方學到看護人的服務方式。而我們所謂的「瀕臨危險的體驗」就是很好的學習來源。

IDEO總是吸收具有特殊專長的特異人才，為我們開一扇窗，看看「瘋狂的」世界。我們以朱安・布魯斯（Juan Bruce）為例。表面上，他是一名非常典型的IDEO員工，具有史丹佛大學產品設計學位。但十三歲時，這位年輕的汽車狂寫了一份一頁長的建議書給父母，要買一輛高性能的車子——在他離「合法上路」資格還有三年之久時，就說服了父母的疑慮。朱安選了一輛老BMW，而且沒多久他就把車子拆解後再組合回去，以練習機械技巧。十五歲時，就在橢圓形的賽車場上練習駕駛（他說那是合法的），十七歲就參加比賽了。

朱安二十出頭時就成為知名的比佛利山賽車俱樂部的講師。朱安的客戶包括企業執行長、電視明星麥特・勒布朗（Matt LeBlanc），和重金屬搖滾樂手艾克索・羅斯（Axl Rose）等。這些人在賽車邱吉爾曾經說過：「我隨時都想學習，雖然我並不是隨時都想讓人教。」

場上所開的車子是頂級的法拉利、BMW，和保時捷。他們都想開快。非常的快。朱安冒著生命危險，坐在完全不認識的人的車子前座，時速高達一百五十英里以上。

朱安還不到三十歲，遠比客戶年輕，更不具知名度。而這些有錢有名望的人慣於發號施令，有什麼祕訣來提供這些人建議呢？對初學者而言，他們要的是駕駛教練而不是汽車狂。朱安待他們和一般人一樣——只是他們是有名的特殊人物。重點在交際手腕，朱安說道。他先在前幾圈裡盡全力開過一次，讓他能夠輕易展現精良的駕駛技術，而不是空談如何駕駛。但如果他們沒興趣了，他就會找機會坐到旁邊的副駕駛座位上。那是他展現耐心的地方。第一條法則是他們不想上課。當然也不要老師。邱吉爾曾經說過：「我隨時都想學習，雖然我並不是隨時都想讓人教。」許多朱安的客戶就是這樣。也許我們都是這樣。因此朱安採用和傳統師生模式完全相反的做法。他盡量讓學習的過程看不到教導的影子。對追求極速快感的客戶而言，朱安代表典型的看護人。而他所提供的服務，不容有絲毫的差錯。

由於幾乎每一位執行長和大明星都喜歡把油門踩到底，於是朱安必須用巧妙老練的手法教導他們賽車駕駛上的重要「禪理」：「手慢，車快」。開快車的駕駛在車裡的動作是緩慢的，朱安說。這些大人物想要高速的感覺，但事實上，要達到這個境界，幾乎要和入禪一樣的冷靜。在時速一百五十英里時，平順換檔緩緩轉向可以進一步提高速度，而魯莽唐突的動作則非常危險。

朱安和顏悅色地鼓勵客戶，眼光要超越彎道，要提前想好。要先有預期。不要太早或太快進彎。他們還沒進彎前，朱安就知道會不會有問題。「我們進彎時的速度太快了。」他會在他們的倍耐力（Pirelli）輪胎勉強以時速一百英里過彎時這樣說。「出彎時不要太猛就可以了。」這部分讓我感到很神奇。朱安可以抗拒想抓方向盤的衝動。我高中時的駕駛教練在時速三十五英里就要抓狂了，而朱安．布魯斯卻能在賽車的高速下，把生命交給判斷力不怎麼樣的名人手上，還保持心平氣和。但即使是朱安，他也承認有時候的確會有所猶豫。像是和艾克索．羅斯的時候。「我被嚇到了，」朱安說道：「但他卻很冷靜。」

我不能替艾克索．羅斯說話，但我懷疑那正是客戶反應出教練能力的例子。優秀的駕駛教練不會有很多壞學生。不管客戶的能力如何，他們都會全力以赴。他們會針對個別客戶調整方法和風格。他們會提供刺激而完美無瑕的服務，讓客戶暫時忘記有人正在為他們服務。

你大概不是從事賽車業的，但這堂課很有價值。服務的層次越高，客戶服務就變得越專業也越透明。看護人從口授改成示範，從服務客戶變成協助個人。看護人很少用知識來震懾客戶，而是和客戶分享觀點。他們更像個益友——不是希臘神話中的曼托（Mentor）喔。

終極服務

朱安．布魯斯提供客戶非常高層次的服務。但服務的另一端呢？從需求非常特別的客戶身上，我們可以學到什麼呢？他們可以提供平凡的看護人什麼樣的觀點呢？

例如，幾年前，我們突然接到德航技術部（Lufthansa Teknik）打來的電話，這個單位是德航的專業部門，專門為全世界私人和商用飛機提供卓越的客製化服務。我們的任務呢？飛到德國，協助他們製造螢幕觸控式遙控器供高級私人噴射機的乘客使用。由於基本上並沒有所謂「真正的」私人噴射機，我們把重點放在討好客戶上：讓百萬富翁可以用非常特別，而且符合個人使用習慣的波音七三七來和他人有所分別。機身基本上和西南航空及捷藍航空廉價的飛機差不多，但是在這架飛機上，不會有人發一小包花生米給你——甚至也沒有椅背式電視螢幕，因為座椅間的距離和我們所熟悉的商業客機座位比起來，實在是太遠了。

客戶希望像iPOD一樣簡單，但還能夠控制豪華機艙裡，幾乎你所能想像的每一樣設備。但光是功能數，就讓互動設計難以簡化。一開始，我們在圖上放超過三十種機器——而客戶要求以一個無線設備控制所有的器材。我用一個遙控器來控制電視和DVD放影機就已經覺得很麻煩了。而本案，客戶要用一個遙控器來做所有的事，從調整客艙溫度到移動架在飛機外的攝影機。

我們很快就知道，這可不只是設計一個好用的遙控器而已。我們必須整合操控按鍵時的體驗。乘客可能會像表演一樣，選擇幾個體驗，例如從自己所喜歡的MP3檔案播放第一首音樂，或是把燈光調暗，並拉下遮陽板以便從機外攝影機觀看外面的風景。和知名的客戶、機艙人員、和航空工程師討論之後，我們得到一個重要的想法，我相信這個想法對一般的遙控器也很有用。這個機上遙控器在操作上有兩層選單。基本操作，或是我們預設好的功能，只要一個按鍵就可以完成。然後在更深的那層，可以建立客戶的個人設定（以及設定的組合）。同時，這項設備還可以透過乙太網路來控制各式各樣的機器設備和電子器材。我最喜歡的電子機械設備是遙控器的磁性收納主機，在起飛、遇到亂流，和降落時可以穩穩地把遙控器固定在架子上。這個設備和安全帶信號連線，每次機長通知乘客坐好時會自動把遙控器收起來。

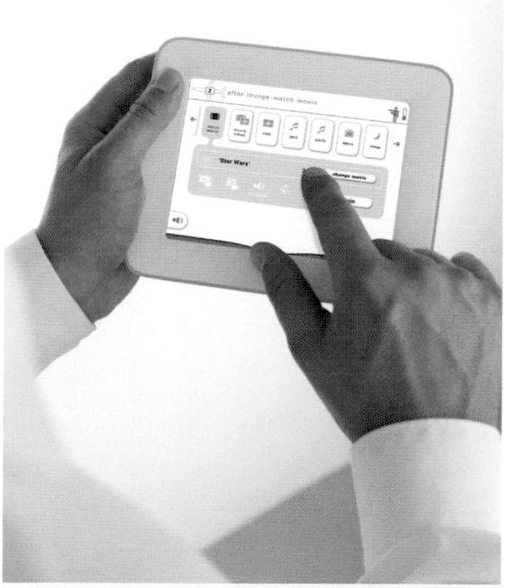

德航技術部以最新科技和終極服務來讓其頂級客戶感受特別的照顧。

這位頂級客戶的功勞很大，他不只驅動IDEO和德航去創造這個了不起的設備而已，他有一天還把飛機停在跑道上，很耐心地花六個小時測試遙控器的所有功能。這位客戶要求他的遙控器要一眼就看出來和你家裡的電視遙控器明顯不同。曾經有人建議用瓷器來做這個萬用遙控器的材料，但因為太易破碎而放棄。改用工具機車過的可麗耐（Corian）仿石做外殼，更為高雅堅固，而鑲嵌在上面的鋁片則刻上圖案，散發出工藝美學的氣質。遙控器下面的「腳座」有螢光功能，放在任何平面上都會發光——讓你在昏暗的座艙裡很容易找到。只有部分所有權的客戶（要和其他客戶在不同的時段使用同一架飛機）可以把他們所喜愛的設定存到記憶卡，因此，每次他們回來使用，系統都會記得他們的設定。

德航這項「好」系統——具網路功能之整合性機艙設備——因設計卓越，贏得德國知名的紅點獎（Red Dot Award），還放到紐約現代藝術博物館展示。這項設備也是德航豪華空中娛樂的一部分。這也是能為客戶設想的看護人，把產品或服務轉化為體驗的最佳案例。

合穿的鞋子

看護人知道，服務上的創新以各種形式和規模出現。但是當你陷入停滯狀態時，實際上，幾乎所有的東西都不靈光了。在許多公司，他們的第一個藉口就是「我們的產業不一樣。」他們認為：「是的，這個想法在聯邦快遞（FedEx）、星巴克（Starbucks），或是奇異（GE）也許行得通，但是在我們的公司就行不通了。」他們掉入一個常見的陷阱，認為自己的行業沒有改革的空間。「我們這行非常傳統，」他們可能這樣說：「沒有人會這樣做。」

位於加州磨坊谷（Mill Valley）一家名為「肱友」（Archrival）的小鞋店打破了傳統模式，這個故事可以做為看護人「腸枯思竭」時的答案。肱友位於馬林郡（Marin County）開放式的購物商城裡，看起來和其他的運動鞋店沒兩樣，因此，裡面似乎不會有什麼了不起的東西。但數以百計的運動員和教練，他們的鞋子卻是在肱友買的。共同創辦人彼得・范・堪梅立（Peter Van Camerik）很早以前就學到一件事，雖然他的產品是運動鞋，但他真正賣的是看護——把服務和體驗完美無瑕地融合在一起。肱友商店裡有賣最好的運動鞋，也知道哪雙鞋適合哪種腳型的微妙差異，他們以此自豪。店員在解釋高科技鞋子的細節時，比蘋果電腦的店員解釋麥金塔更引人入勝。

彼得會請客人脫掉鞋子以便量量看客戶的腳肱是正常、高腳肱，還是扁平足。接著他會觀察他們走路的情形，看看會不會在門口絆倒或有什麼怪姿勢。他量客戶的腳，並問他們跑步、打網球、足球、籃球，或走路的頻次。然後他通常只拿一雙鞋出來（他的專業選擇，是服務的關鍵）讓客戶穿上，讓他們在店裡試走或試跑。通常他們會覺得很合穿，也很舒服，並樂於拿出信用卡來刷。彼得訓練他的員工，在他們還沒摸清楚「腳的故事」（即腳的生物機械狀況）之前，不可把鞋子賣給客人。

「一旦你瞭解腳的故事，」彼得說道：「你就能挑出正確的鞋子。」

父母會帶著小孩來買遊戲鞋、足球釘鞋，或其他鞋子（其實還有一些父母要他們的孩子帶著信用卡和給彼得看的留言條，自己找彼得買）。有些客戶說，他們十多年來，從未去過其他地方買鞋。「我走進店裡告訴彼得我要買雙新鞋，」一位忠實的客戶說道：「他會拿給我一雙非常合腳的鞋子。我沒有問價錢。」這和附近的競爭者，一家折扣體育用品店成鮮明對比。如果你能找到店員拿好幾雙不同尺寸的鞋子讓你試穿，那就算是很幸運了。當你問店員某兩雙鞋子有什麼不同時（一雙是走路用的，另一雙是越野用的），呆若木雞的店員會告訴你：「這一雙的鞋底比較厚。」彼得說他有很多業績是來自於對折扣鞋店的不滿而回頭來找他的客人。

肱友的優勢是什麼？彼得是天生的看護人，知道優秀的服務在於知識和設身處地為客戶著想。他不會想去推銷最有名的牌子或是最貴的款式。一位退役的網球選手一直受到腳和背部傷害之苦，後來彼得為他找到很合右腳的鞋子賣給他。二十多年來，彼得拜訪馬林和舊金山附近主要的足科醫師、整型外科醫師，和物理治療師，他的專業，讓他們留下深刻的印象。現在，他一天最多可以從醫師和診所那裡接到二十名推薦過來的客人——這些客人拿著鞋子的處方，從大街上走進來。彼得甚至還雇用一名生性活潑的退休腳科醫師來店裡工作，幫客人找到合穿的鞋子，並告訴他們腳部的保健醫學知識，讓客戶心滿意足。

那麼，你能從這家鞋店學到哪些看護人的角色呢？肱友幾乎沒有花錢打廣告卻能讓業務不斷成長。毛利也很不錯，因為肱友有專業和額外的服務，大可不必靠折扣來爭取業務。最重要的是，肱友對客戶服務的重視，吸引了多次購買的客戶，他們一年買好幾雙鞋，還會邀請朋友到店裡來看看。

如果像鞋子零售這樣的商品型事業都能成為集成長和創意於一身的事業，那麼，幾乎所有的行業都可以改善——不論老方法已經用了多少年。不管你賣的是產品還是服務，甚或在大型組織裡服務內部客戶，這則小而具啟發性的看護人故事具有廣泛的價值。也許你該換雙新鞋來走走看了。

提供客戶安全網

我已經談過看護人如何接近客戶、如何引導客戶去體驗，以及如何讓客戶感到舒適。但有時候，你也可以考慮，鼓勵客戶去做一點探索，尤其是當你所提供的產品或服務頗為特殊的時候。我的小孩喜歡附近一家名叫加州披薩廚房（California Pizza Kitchen，CPK）的餐廳，這家公司成功地證明了對披薩口味的需求，不只是蘑菇、洋香腸，和義大利香腸而已。CPK的菜單選擇很多，從泰國雞、蝦仁，到北京烤鴨。

起初，他們名字裡的「加州」讓我誤以為這只是一家地方上的連鎖餐廳，但後來我終於在各地看到他們的餐廳，從新加坡到拉斯維加斯，而他們的營業額則逼近四億美元。加州披薩廚房把老掉牙的

加州披薩廚房鼓勵客人嘗試各種不同的異國風味，同時還提供他們安全網。

不好吃退錢花招做了有趣的改變，成為他們所謂的「CPK菜單冒險保證」。「來探險——試一下新口味吧！」菜單上每道菜旁邊加上附註。「如果不好吃，我們會換一道你平常喜歡吃的口味給你。」你如果仔細想一下就知道這是行銷和品牌建立上很聰明的一招。第一，如果你是加州披薩廚房，你最不希望的就是客人只吃義大利香腸口味的披薩。當然，他們連鎖餐廳的披薩餅皮酥脆，食材新鮮，但如果你只會點義大利香腸的話，你就是個很容易流失的客人。誠如行銷界所說的，你的退出障礙很低，因為全世界每一家披薩店都有賣義大利香腸披薩。但如果他們能夠讓你愛上他們的宮保義大利麵，或三色沙拉披薩，那麼你就很有可能成為忠實客戶了，因為你還能找哪家披薩店去買這種外國怪味披薩呢？舊金山的電話黃頁上列了一百多家的披薩店，但我大概看了一下，我知道只有二家有賣泰國雞披薩——那是CPK的二家分店。

我們不要忘了安全網。「菜單探險」不只讓你點一些奇怪的菜，還讓你覺得安全，因為如果你覺得口味不合，可以叫回你「習慣的菜色」。安全實驗的想法很有吸引力，而且廣泛運用於各行各業，從主題樂園到各種年金商品。給你的客戶一個機會，讓他們可以在不用放棄安全網的情況下實驗你所提供的各種商品，他們終會給你回報的。由於在經營完善的餐廳，食物成本通常只佔全部成本的百分之三十，CPK的保證方式，除了可以建立客戶的忠誠度以外，所花的成本，只有傳統「不好吃退錢」的三分之一而已。這是服務創新，店家和客戶雙雙受惠。

你要如何讓你的客戶在無風險的環境下實驗你所提供的各種商品和服務？

看護人的優秀服務指南

1組織產品選。大多數的產品或服務品類，消費者常常因為選擇太多，而如何選擇的資訊卻不清楚，因而感到困惑。哪一所大學最適合我的小孩？哪一支行動電話（及服務方案）最符合我的生活方式？這些大大小小問題的解決方案有好幾百種選擇，但可以信賴的指引卻太少了。客戶需要你的經驗和知識來幫他們過濾所有的選項。所供應的產品或服務要加以修剪，以提供最好中的最好給客戶。提供一小組卓越的選擇，並說明你這樣選的理由。星巴克播放的「藝術家精選」音樂很合我的品味，並且在一萬個門市裡販售。今天，音樂實在是太多了，讓我很難找到我愛聽的。但星巴克提供了曲目分享，例如，諾拉瓊斯（Norah Jones）精選，便於我作選擇。

2建立進一步的專業。如果你的公司成為客戶所信任的資訊或諮詢來源，你就可以建立忠實客戶群。肱友從教育當地的醫師、診所，和足科醫師開始，讓他們瞭解堅固合腳的鞋子的重要性。他們甚至還雇用退休的足科醫師來提供客戶有關腳和鞋子上的無價知識。如果價格不是問題，你想雇用誰來提供客戶神奇的服務？此外，你能夠幫客戶連上哪些可靠的資訊來源，讓他們成為知識豐富的買家？

3小就是美。在開店設點時想想看咖啡店、小酒館，或理髮廳（如果大家只是想來聊天，你就做對了）。維持客戶的「親密性」就等於讓客人喜歡到你那裡聚聚，並且讓人有更多的期盼和活動。有時候，一間間的小場所，能夠比一大間的地方，提供更多的接觸面給客戶。

4建立永續關係。邀請客戶為你的產品做資源回收，你就可以建立一個收受上的良性循環。你的客戶會因瞭解到他們在幫助別人而獲得滿足感。在這個過程中，你將可以給他們另一個理由和你的品牌結合在一起。

5邀請客戶「加入俱樂部」。忠誠計劃已經成為航空業和旅館連鎖業看護人非常有力的工具，但這個模式還可以延伸到其他許多的產業和門市。把最忠誠客戶（或是讓你獲利最多的客戶）找出來，並給他們「特殊資格」（或任何你所屬產業的類似做法），這種事不必聘請管理顧問來告訴你該怎麼做。費德列克・萊菲爾（Frederick F. Reichfeld）在《忠誠度導向》（*The Loyalty Effect*）一書中估計，許多產業，顧客保留率（customer-retention rate）提升百分之五，可以讓獲利增加百分之二十五到一〇〇。奇怪的是，似乎連租車公司都知道這個原理，而有些汽車製造商和經銷商卻還不瞭解，因為當他們應該把焦點放在客戶關係上時，他們卻還只是在思考個別業務員的業績。例如，我父親這五十年來已經買了十五部通用汽車（也都在通用的經銷商那裡購買），但每次他走進汽車展售廳，他們卻待他如陌生人。這種善意的忽略讓公司損失了多少客戶？把你最好的客戶簽下來，好好照顧他們，讓他們擔任你的品牌使者。

製作照顧客戶的原型

從豪華噴射機到餐廳或是商店，看護人從思想上協助企業提供更好的產品和服務。但是對擁有數千個點，好幾百萬個客戶的跨國企業，情況又是如何呢？對真正的大眾市場開發創新服務，是一件非常艱難的工作。因為在各種不同狀況和地點下，要瞭解哪些作法有效、哪些無效，是相當複雜的事，而人性因素也因此變得很重要。在競爭激烈的市場上，大多數公司在客戶服務上必須不斷地創新（甚至於對待員工的方式也要不斷創新），以保持競爭力。但卻很少有大型企業能夠發展出創造性的嚴謹程序來開發新構想，進行測試，然後在龐大的組織裡推動。

然而，金融服務業巨人美國銀行（Bank of America）已經發展出一套獨特而且明顯有效的方法來製作新服務的原型。執行長肯尼思．劉易斯（Kenneth Lewis）並不以美國最大的銀行自滿，他還希望成為大家心目中最好的銀行。該行成立一個專案小組來負責這件事——創新開發小組（the Innovation & Development team）——以銀行自己的分行做學習實驗室，建立實際的原型架構。美國銀行基於既有的技術設備、客戶群，和他們位於北卡（North Carolina）的新企業總部，選擇亞特蘭大二十家分行做為他們的測試基地。

哈佛商學院教授史蒂芬．湯克（Stefan Thomke）研究過該行的創新計劃，在報告中指出，該行在這個過程中提出數以百計的新構想，還做了好幾十個實際實驗。例如，在最初的原型分行裡，接待人員要在門口向客戶致意，並引導客戶到各種金融理財業務櫃檯後面的服務人員那裡。氣氛於是變得比較像高級的私人銀行而非金融巨獸的分行。客戶可以坐在沙發上輕鬆地研讀理財商品和金融雜誌。他們可以在投資櫃檯查閱帳戶狀況或是用電腦上網。排隊等候的客戶可以觀看股票行情，或是平面電視上的CNN節目，兼具娛樂和資訊功能。

每一項新試驗都經過仔細設計和執行，以測試客戶照顧的假設基礎。在學術界，經濟學家喜歡用ceteris paribus這個術語，這是拉丁文，表示假設其他變數維持不變。但是美國銀行進行新客服觀念的測試環境是實際的商業世界，在這裡，所有的變數都不會維持不變（這也是我們稱之為變數的原因）。因此，創新開發小組必須在許多地點、不同的時間裡進行測試，以控制變動不居的因素，諸如氣候、員工流動率，和季節性因素等。最有趣的測試是關於客戶所認知的等候時間之控制，有時候這比實際等候時間還容易受到干擾——但也可能更為重要，因為在看護人的世界裡，客戶的認知才是至高無上的。誠如湯克在《哈佛商業評論》中所指出，客戶實際等候的時間約為三分鐘，而他們的認知卻覺得超過這個數字，導致客戶高估了等候時間，美國銀行在這裡發現了關鍵的因素。實驗顯示，在客戶等候時以電視機來讓他們觀賞，吸引他們的注意力，可以降低這個效應。由於該行從以前的研究得知，客戶滿意指數每增加一點，就相當於一個家庭帳戶增加了一．四美元的營業額，因此，他們可以針對等待認知上的新觀念，計算所產生的效益。

美國銀行在提升客服水準的原型上，做了相當大的投資。這個計劃也許還不夠完美，但這些有意識的努力（成立創新小組、選擇原型分行、有系統地測試改變服務的構想等），讓美國銀行脫穎而出。我在寫這段時，跡象顯示，該行把焦點重新定位在看護人之上是正確的作法。《紐約時報》（*New York Times*）報導，美國銀行和大多數銀行不同，把分行當成「門市」，並且成功培養許多「店長」，「他們在營業大廳公開和客戶互動」。他們花很多心思，明智地找出忠誠的客戶，服務他們、討好他們、讓他們滿意，這些客戶對新服務很感興趣，並大力向人推薦這家銀行。《金融時報》（*Financial Times*）有二年把該行列為「年度全美最佳銀行」。

這種服務測試能夠用在你的事業上嗎？這種做法當然不會侷限在零售金融業。例如，我們和知名的梅約診所（Mayo Clinic）合力進行SPARC創新計劃，利用診所內專用的場所，對門診病人的醫療服務，開發新做法並加以測試。這個案子和美國銀行的原型分行有些類似之處，但內容以及測試和衡量的特性，當然完全不同。VHA健康基金會說，梅約這個SPARC計劃以門診病人為焦點，是「醫療保健業第一個有系統的『真實診療實驗室』」。我們相信，該公司不只是在醫護產業，在其他服務業的各種改善客戶照顧計劃裡，都將是一個典範。

門鈴效應

美國銀行的研究碰觸了等候問題（這是大多數客戶在消費過程中所無法避免的問題），我相信你對這些重要等候時間的處理方式，會造成客戶對你的企業在認知上產生相當大的差異。例如你不妨想一下最近這六個月裡，哪一項服務最差。不管是什麼原因，裡頭是否包括太多不必要的等待？也許是。但因為一定的等候時間是無法避免的，你至少應該找出一種方法，讓等待變得可以忍受。

優秀的看護人絕對不會讓客人在等候時孤立無援，但大多數企業就是這樣對待客戶。我稱之為「門鈴效應」，因為等候這段時間，就好像你按了門鈴，到門打開的那段令人不舒服的時間。或是門根本就沒打開。在那段狼狽的等候時間裡，你沒有任何線索。畢竟，你是站在門外：看不到裡面，也幾乎聽不見裡面的聲音。你很難知道你按了門鈴之後，屋主會走出來，還是裡面根本就是空蕩蕩的。更糟的是，你甚至也沒辦法確定門鈴是否響了。我們大多碰過屋主不在的時候。一般在按鈴等了一段合理的時間之後，幾乎都會再急促地狂按門鈴。

你會再等一會兒嗎？或再按一次鈴？你願冒著冒犯屋主的風險，用力敲門，怕萬一門鈴壞了？還是放棄，優雅地離開？這個問題並非簡單

我稱之為「門鈴效應」，因為等候這段時間，就好像你按了門鈴，到門打開的那段令人不舒服的時間。或是門根本就沒打開。

小心門鈴效應。

的等候問題。這是狀況不明，如坐針氈的等待。

同樣的事也發生在許多服務業。他們讓客戶一顆心掛在那兒，不舒服也不知道狀況。這種「掛心時間」對行銷小組來說也許非常合理，但有時候你一個人站在走道上等，幾分鐘也是非常長的時間。而適時提供一點點資訊的效果則非常可觀。想想看你在等電梯時，上面顯示電梯正在幾樓，讓你覺得多舒服啊，至少，你知道電梯沒壞，也知道不久就會來了。你知道當客服電話告訴你「這通電話三分鐘內會有人接聽」，讓人有多舒服嗎？甚至連主題樂園給你的警告標示「這裡的平均等候時間是四十分鐘」也遠比毫不知情要好太多了。

每年四月十五日寄信向國稅局申請退稅的人至今還飽受「門鈴效應」之苦。如果你跟我一樣，總是要等到截止之前才申請，便可以享受一點點的快感。但接著就有得等了。比如說，你預期會收到一張五百美元的退稅支票，也希望能夠儘快收到。一星期過去了。沒關係。二星期。畢竟那是政府。然後三、四個星期。

當你等了六、七個星期時，你會開始懷疑那張支票到哪裡去了？是寄丟了嗎？更糟的是，政府是不是收到了你的退稅申請書？這是門鈴效應擔憂過程中最讓人坐立難安的部分。我發現，狀況不明總是令人寢食不安；我非常樂於見到國稅局開始接受電子申請書，以降低門鈴效應。

相對的，有些公司對於門鈴效應非常敏感。他們讓客人知道他們排到哪了，一路上讓客人安心。網路電影公司（Netflix）是一家位於加州的影片出租公司，每月寄出三百萬張ＤＶＤ光碟給客戶，他們非常精明，在營運模式一開始就建立確認作業。我隨時保持從網路電影租五部片子，有些片子在家裡，有些則在運送途中。我一星期會有幾次把看完的片子寄回去，並等待他們把新片（我所預約的下一部電影）寄來。我們一共要處理三個延宕時間：郵局把我的信送到該公司的時間、該公司處理/配送中心的作業時間、和該公司寄新ＤＶＤ碟片到我這裡的時間。如果每個環節都需要一到四天，那麼我收到新片就要三到十二天，不確定性很大。網路電影巧妙地避開了門鈴效應，把我的不確定時間切成三個容易掌控的部分。我把ＤＶＤ碟片投進郵筒之後，不到幾天就會收到網路電影的快速電子郵件，上面說：「我們已經收到《成名在望》（*Almost Famous*）」（或是我最後看的那部片名）。然後，通常在二十四小時之內，他們會寄另一封電子郵件通知：「我們已經寄出《魔戒》，星期二以前你應該會收到。」我總是知道我的進度。我從來沒有茫然不知還要等多久的情形。而且，最棒的是，如果片子在中途寄丟了，他們會爽快地免費補一片給我。

不幸的是網路電影一直是個例外。看看周遭，你會發現客戶還是抱著希望在等待。例如，我在網頁流覽器上點二下之後，有時候會有五到十秒完全沒有反應。沒有沙漏、沒有進度顯示棒、沒有「請稍候」。只有我對著一片空白的電腦螢幕。被冷落了之後，我再重新點擊二次，以確保我的動作正確，但這樣做，只是讓我的狀況變得更糟。

不論你從事哪一行，不論你是銷售商品、提供服務，或是提供資訊，你的客戶都很可能要花時間等候——不論是等電腦螢幕出現畫面或是等東西送到家門口。看護人不會讓客戶處於無助狀態。因此，留心門鈴效應。讓客戶知道他們的進度，他們將會忠於你的品牌。

要介入，別自動化

本章有一個中心思想：最高層次的照顧來自人性接觸。但是當自動化無所不在時，你要如何維持這種人與人之間的連繫?當服務變成網頁或是電腦化時，看護人還有哪些思想上的指導原則可以運用?

非常有趣的是，一些低科技服務可以讓我們明白，在技術掛帥的世界裡，什麼才是關鍵的東西。例如，我們來看看大多數商務旅行人士所體驗過相當個人化的服務——晚上在旅館房間，以掛在門把上的卡片預約隔天早上的咖啡。你拿出筆來勾選你所要的選擇。勾這裡選低咖啡因……奶精……低脂牛奶……糖等等。通常，你會拿到你要的咖啡，但我敢說，你會覺得這服務並不怎麼樣。在星巴克，你有更多更豐富的選擇範圍擺在面前。煮咖啡時的生動景象和磨咖啡豆的聲音讓你興致高昂。星巴克的員工會幫你煮出完美的咖啡，當然，如果你要，他們也會供應你藍莓鬆餅。重點是，這和勾選門把上的卡片不同，你有機會一起參與整個過程。星巴克問你名字的理由不只是為了作業因素而已。這樣做能夠讓你的體驗更有親切感。

堅持由人來控制並產生互動有一定的價值——不論自動化的程度有多高。記住，要讓使用新服務的人，在過程中產生真正具體的互動，讓他們賦予這些體驗或產品自己的風格。

可以完全自動化並不表示我們就必須全盤接受自動化。麥特・杭特（Mat Hunter）是一位才華洋溢的互動設計師，帶領我們的倫敦辦公室，他用簡單的一句話來表達這複雜的概念：「要介入，不要自動化。」「找出你不希望由機器來做或服務的事，也許是最關鍵的步驟。」杭特說道。換句話說，把最好由人來做的事留給人來做。我們經常會假設軟體可以控制並解決所有的問題。好的設計，杭特說，就是要瞭解你不可能靠自動化解決所有的危機——因而，在高科技的世界裡，有時候最好的服務就是，運用神奇的科技來支援更佳的傳統式人對人客戶服務。

這就是為什麼世界上最好的旅館不論採用什麼樣的高科技，他們的櫃檯一定會設一個人，讓你

運用微笑的力量。客人的感覺將會有所不同。

在需要時可以找他談談。這也是為什麼改善客戶服務的真正關鍵在於運用複雜的資訊技術，協助聰明且訓練有素的人提供更好的客戶服務。同時也是為什麼努力為客戶解決太多問題的企業（過程中卻沒邀請客戶參與），所做的事太多，所提供的卻太少。

微笑的成本

最後，看護人還有一個基本元素我想短期內不會有任何改變。客服界經常忽略的一項工具：微笑，我們在此做個簡短而激烈的論述。我因為個人及工作因素，和日本有些淵源，已經去過東京二十五次以上。如果因工作而去日本，我總是搭乘聯合航空，但如果是家庭旅遊，我們從九〇年代初期開始就一直是搭日航。第一次登上日航跨太平洋航線的班機時，我馬上就注意到有些不一樣的地方：當我們登機時，幾乎每一名空服員都會對著我們微笑。這個觀念真好，我想。我懷疑聯合航空可能不瞭解這個道理。每個人都認為創新很貴，但微笑的成本能有多少？而且，以我未經訓練的眼睛來看，這些微笑似乎都是真誠而友善的，在非常競爭的產業中，讓她們的公司享有一點點的優勢。

有一家企業瞭解這個道理，那就是麗池卡爾登大飯店。雖然麗池卡爾登那種舊世界的優雅格調並不是我的首選，但是每次去那裡住，我都會被他們非常特殊的服務水準所感動。有一個星期天清晨，我在麗池卡爾登費城飯店偷偷地看到他們如何以微笑服務來讓作業更順暢。我安排好在早上七點半對高階經理人協會演講，他們有很多人（跟我一樣）才剛從西岸飛過來，覺得那麼早就開會實在是有點趕。原來那一天的年會九點才開始，但這一團很熱心，想要在會前先有個開場演說，於是麗池卡爾登就招待他們吃早餐。

我在早餐前一小時到達現場，因此看到一位充滿活力的主管對服務人員做工作前的精神訓話。在懸掛著華麗吊燈的大廳裡，餐桌上擺滿了他們註冊商標的藍色高腳杯，三十多名麗池員工集合在一起，為即將到來的客人進行準備工作。這位主管先大略檢視整個餐飲，接著逐項仔細說明菜單及服務項目。在結束前，他說：「這個團很重要，我們希望今天他們能夠在這裡有個愉快的體驗。所以，請各位務必要做到最好，仔細注意他們需要什麼，而且別忘了微笑。微笑可以讓他們感到愉快，也可以讓你自己感到愉快，這是我們的服務特色。」

那天早上我聽了這位主管對工作人員的精神訓話之後，似乎也覺得有點被感染了——而我甚至還不是他鎖定的聽眾呢。在這過程中，我瞭解到，雖然「女士先生服務女士先生」的傳統深深地根植在麗池卡爾登的文化中，但該公司還是必須不斷強調這些價值。因此，雖然微笑隨時都有，而且是免費的，但微笑也是仔細培育的結果。也是一家竭誠相信看護人那種友善而專業服務價值的公司，在招募、訓練，和企業文化上的一部份。

這也許看起來微不足道，但認真的看護人絕不會掉以輕心。我想，大多數人（以及大多數組織）可以多多微笑。

10

說故事的人

構成宇宙的是一個個的故事，而不是原子。

——彌瑞爾·盧奇瑟（Muriel Rukeyser）

一則好故事的力量，有數千年歷史做後盾。只要晚上的爐火還沒熄掉，大家可以圍在旁邊講故事，說故事的人就可以抓住同伴的注意力，讓他們如癡如醉。二千八百年前荷馬出版《伊里亞德》和《奧德賽》之前，早就有無數的詩歌和詩人吟唱這些史詩故事。莎士比亞在十六世紀運用說故事的技巧，把歷史轉化成文學，一直到今天他都是全球最佳暢銷書的作者（雖然他不曾拿過絲毫的電影版權）。即使在二十一世紀，流行電影製片人喬治·盧卡斯非常聰明，知道一則好神話是永垂不朽的，於是，他所拍的史詩電影，便是根植於神話上，總共賺了將近一百億美元，為說故事者的永恆價值提供了有力證據。

善於品牌策略的現代企業也知道要如何說一則好故事。他們用感人的情節說出創業、努力工作，以及，是的，創新的故事來抓住我們的幻想。他們讚揚成功，也歌詠令人振奮的復興大業。企業不斷地向客戶、合夥人，以及自己說故事，不論我們是否能夠在意識上有所瞭解。有的故事是關於偉大的合作，有的則是關於神奇產品或整體服務——有的甚至是從車庫發跡的經典傳奇。

故事說服人的方式，和事實、報告，及市場趨勢完全不同，因為故事會形成情感連結。說故事的人可以讓團隊更加團結。他們把多年的心血結晶整理成故事大全。說故事者會編織神話，把事件昇華以拉高現實層次，並從中得出啟發性的結論。現代的說故事者已經超越了口述的傳統，運用各種能配合他們技能和故事的媒體：錄影帶、小說、動畫，甚至喜劇短片。他們也會啟發其他的說故事人，幫他們把故事傳遍全世界。最重要的是，說故事人把真實人物打造成英雄。

我們的事業開發部主管大衛・黑固德是天生的說故事人。起初，我以為黑固德只是人生閱歷比其他人精彩而已。事實上，他曾經自願到監獄工作，和重刑犯共同生活，並和海軍的海豹特戰部隊到野地紮營。我曾經聽他講過「化劍為犁」的故事，當時，他被徵召參加越戰，他和其他夥伴拿C級口糧加上其他食材，放在C4炸彈的碎片上加熱，作成熱呼呼的披薩。而且，他在討論商業議題時也會和大家分享許多企業成功及失敗的故事。但後來有一天，他說了一則有關專業自行車公司（Specialized Bicycles）週一進度會議非常有趣的故事，在他講故事的時候，我突然明白，他所擁有的不只是故事素材而已。任何能夠把進度會議轉化成趣味盎然的故事的人，都是說故事大師。而這是非常討人歡喜的特質。

有意義的不朽故事

說故事還有另一個基本特性嗎？創造神話和講神話故事是人性的一部分。其重要性遠大於任何一個組織。甚至於每個國家都有自己永垂不朽的神話——與人物或制度密切結合的故事，強化某種文化價值。去年我帶家人去波士頓玩的時候，有人提起「李維爾午夜快騎」（Paul Revere's midnight ride）的故事，觸動了我們腦海深處的記憶：「一盞燈表示陸路，二盞燈表示海路」。這則故事不只是大多數美國學童的歷史課而已，還是一則提醒聽眾「一人即可成就大事」的故事。

東京忠犬八公的故事強化了日本人忠貞不二的美德。

全世界每個國家和每個文化都有類似的例子，而且並非全都是在講傳統觀念中的英雄。日本有一則忠犬八公的故事，這隻忠犬每天陪主人走到東京涉谷車站，然後在那裡耐心地等待主人下班回來。有一天，牠的主人突然死了，沒有回來，但八公卻還是每天到車站等主人回家，就這樣等了十年，直到八公過世，牠就死在最後一次見到主人的地方。我去過東京十多次，經常投宿在涉谷車站有名的「八公入口」對面。即使我住的地方有二十五樓高，我還是可以經由俯視，看到紀念這隻忠犬的實體銅像。八公的故事已經成為家喻戶曉的神話，我敢打賭，幾乎每一個日本成年人（以及大多數的日本學童），最低限度都知道這個故事的大概情節，以及故事所傳達的訊息：榮譽、責任，和忠誠。如果你跟任何一個在地的東京人說：「我們在八公前碰面。」他們絕對知道你所說的地方。八公在七十年前就死了，而牠的故事卻流傳久遠。

企業的傳說，是具有不同文化的各個單位相互之間溝通價值和目標的有力方式。惠普（Hewlett-Packard）從車庫開始創業的故事，不僅受到該公司全球數十萬名員工的愛戴，還啟發全球各地資源拮据的創業家去追求偉大的夢想。而麥可．戴爾（Michael Dell）從大學宿舍創造出數十億美元事業的故事，更進一步讓沒有車庫的企業夢想家堅定信念。西南航空（Southwest Airlines）的人很樂意告訴你，成立該公司的構想，只是草草地寫在雞尾酒的紙巾上，從此之後，成千上萬個企業新點子也是以相同的方式開始。

適當的時間，適當的故事

說故事專家史帝文．丹寧提醒大家，並不是任何故事都有效。他在《給領導人的說故事指南》

（*The Leade's Guide to Storytelling*）一書中告訴我們，要用適當的故事配合適當的情境。丹寧說，企業故事的目的著重在刺激行動、傳播價值、培養合作，和領導員工進入未來。在你說故事之前，瞭解你所要達成的明確效果非常重要。例如，當我的小孩還很小的時候，我習慣在睡前跟他們說故事，大多數時候，我的目的只是要讓他們平靜下來趕快入睡，但如果你在公司裡講故事時，也經常得到這個效果，你就該好好加強你的說故事技巧了。

> 丹寧希望企業領導人要分清楚「事實」和「真實」二者的差別。他說當企業在講故事時，應該懷抱理想，謹守真實性的核心，但他們卻花太多時間在事實的領域上。

不管你在講哪一種故事，丹寧希望企業領導人要分清楚「事實」和「真實」二者的差別。他說，當企業在講故事時，應該懷抱理想，謹守真實性的核心，但他們卻花太多時間在事實的領域上。誠實廣告法要求你從企業所聽到的大部分訊息均為事實（至少就字面上狹隘的意義而言），但真實性卻更像是「全部的事實，除事實之外，別無其他」（the whole truth and nothing but the truth）。他以知名的歷史故事來說明二者之分別：以事實來說的故事可以是這樣：「鐵達尼號展開處女航。七百名『快樂的』乘客抵達紐約。」沒錯，從技術面來看，這段話所講的都是事實，但如果我們進一步加以查證，這段話就有問題了。「事實的故事」有太多詮釋的空間。而「真實的故事」則完全誠實。客戶、員工，和世界社區的成員能夠察覺其間的差異。

我注意到最近的企業神話有一個新趨勢。雖然多數的企業老故事鎖定在眼光遠大的創辦人或總裁身上，卻有越來越多的故事談到企業日常運作上的小英雄。一天下午，我在舊金山辦公室對面的星巴克好奇地發現，櫃檯前顯著的地方整齊地放著一疊一頁長的感人故事。上面印著一名已經當上店長的星巴克員工照片，還有她親自寫的故事。內容是努力工作、支持善心的喜悅（像對抗乳癌）、以及她尋求工作挑戰以得到報酬的能力。這位女士驕傲地說，她在星巴克的薪水和股票，讓她有能力在舊金山灣地區買房子，這可不是一件容易的事。我不知道你是否是個星巴克迷，但這則故事真實而具說服力，讓我感到震撼。當然，這是很好的召募工具，但這則故事也在隱約中對各地喝咖啡的人說：「我們是好人——如果你經營全世界最大的咖啡店，你也會希望自己是這種人。」

不論你的公司有多大或多小，組織總是一直在收集並散播有關你的事業、你的價值，和你的成就的故事。神話故事可以經久長存是因為它們已經成為大家共享的象徵。經過口耳相傳和代代相傳，神話不見得都能保留原來的真實細節，但好的神話還是有一種真實性，敘述著真實的故事。

想一下你所說的神話，而且一定要堅持真實性。

跟我講個故事

那麼，說故事要從何處開始呢？這個問題的答案是，問說故事的人在何處得到啟示。以及為什麼他們相信說故事對創新很重要。

《IDEA物語》的讀者應該還記得，珍．蘇瑞是IDEO人性因子領域上的思想領導人，啟發人類學家這個角色。那麼，關於說故事人這個角色，人類學家能夠教我們什麼？非常多。珍．蘇瑞相信她的工作主要建立在聆聽和闡釋人們的故事。在於將故事寫下。在於尋求故事的內涵和意義。在於瞭解字面意義與弦外之音。在於成為一位說故事的人。

許多人在採擷他人故事時，經常會犯了抄捷徑的毛病。我們抱著只要結論的心態，會說，只要把你的看法告訴我就好了。跟我講重點。我們想要尋找成功簡報所需要的條列式重點。我們希望直接切入關鍵部分。

珍不會要求立即的看法，也不會妄下定論。她也不會問對或錯的問題。她走進現場找個有趣的人（幾乎每個人在珍的眼中都很有趣）。她不會問類似「你對於現在所用的手機通訊系統，喜歡哪些服務？哪些是你不喜歡的？」這些問題，珍會這樣開始：「告訴我一個手機讓你失望的故事。」在接下來的對話中，她會發現許多受訪者所喜歡和不喜歡的項目，但從故事的相關討論中，她和受訪者建立了個人關係，並且得到深入的看法。她認為，重點在於尊重和人性。請對方講故事可以觸動真正的感受。她從多年的田野工作中瞭解，當她做對了的時候，沒有虛情假意，受訪者會想，「喔，他們想要聽聽我的意見！」每個人都希望有人來聽自己的意見，如果你能取用個人故事這個蓄水池，你所要找的看法就會源源不絕而來。

為什麼耐心建立信任基礎如此重要？因為，就像珍所說的，說故事剛好就是傳遞資訊最基礎的人性方法。民間傳說和宗教故事之所以能夠流傳久遠，其來有自。說故事是人性交織網路的一部分。當你重視說故事之後，你會瞭解，你正在經營人性企業。你把工作昇華了。你創造了共同語言。你開始建立一座大型的社區。

如果你問珍，說故事的重要性如何，沒錯，她會說個故事來回答你。根據珍所說的，幾年前，我們為一所醫院做一個案子。我們的啟動會議邀集了大約二十名護士、行政主管，和醫師。在改造計劃的第一個會議上，通常，與會人員會很健康地抱持著懷疑兼期待的想法。如果第一步走錯了，整個案子將會困難重重。但這天，說故事的力量發揮效果，讓小組把計劃目標的意義和每個人產生連結，並加以強化。珍在準備那場啟動會議時，先請每位成員做一點小小的個人功課：回憶他們個人親身經驗中，最佳或最惡劣的醫療照護經驗。純粹個人的感受。

會議進行了幾分鐘之後大家就開始笑了。也哭了。一名護士描述她沉重的一天，一位即將過世的男士請她打電話給他太太，但儘管她拚命地打，也沒辦法聯絡上他太太。她已經要抓狂了。病人正一步步邁向死亡。她必須找到他太太。這位男士抓著她的手臂。「沒關係了，」他對她說道。「現在我們要一起做件事。你來教我死亡，」他說道：「我來教你生活。」他太太最後還是沒來，而這名護士終於瞭解，她那天的角色並不只是去挽救病人而已。她能夠提供一份無價的禮物，讓病人在臨終之際，有人陪著。

這名護士講完故事時，房間裡的人無不熱淚盈眶。那天早上，很多人本來還互不認識。但這個故事讓他們有志一同，為計劃注入熱情和看法。這次所收集的故事，強調非常差的體驗和非常好的體驗竟然有如此大的差異，還提醒他們，把醫療照護服務做好是多麼重要的一件事。沒有任何事能夠像故事一樣，把你和主題連結起來，把小組團結起來以人道的方式處理人的問題。

ＩＤＥＯ和位於明尼亞波利斯的美敦力公司已經合作多年——這是一家績優的醫療科技公司，以先進的心臟節律器聞名。美敦力員工的待遇很好，而且很多人拿到股票，所以，這應該足以激勵他們好好地工作了，是吧？喔，是的，但美敦力想要做的可不只是提供好的工作機會而已，他們希望用創新來打敗競爭對手。而他們所用的工具就是說故事。他們一位資深主管告訴我，每當他們需要靈感刺激時，他們會乾脆找病患過來（或是年長病患的小孩），說：「請告訴我們美敦力產品改善你們生活

「沒關係了，」他對她說道。「現在我們要一起做件事。你來教我死亡，」他說道：「我來教你生活。」

的故事。」結果，我那位美敦力的朋友告訴我，這件事產生非常正面的刺激效果。因為在聽過幾個重生的故事之後，即使是「硬漢」也會動容，之後，美敦力人員再回到工作崗位上時，在激勵之下，為了許許多多和他們所見到病患相同處境的人，願意盡十二萬分的心力。

沒錯，我們大多數人的工作並不是懸壺濟世或是撫慰臨終的病人，但我們都相信自己工作的價值。走出去找一些活生生的人吧。聽聽他們的故事。不要只問重點。讓故事自己去自由發揮。就像流水，故事會以自己的速度走出自己的路出來。而且如果你有耐心，你會學到許多想像不到的事。

夢想出一個新故事

在大型企業裡，要引進變革相當困難。編織新觀念的夢想還不夠。有時候你必須以夢想找出新方法來說故事。

幾年前，我們從一家大汽車廠接到頗具挑戰性的任務。一開始我們就有個前提，認為汽車業有時候會忽略女性。雖然大多數的採購決策掌握在女性，或是受到女性影響，但汽車在設計或銷售上，會考慮女性想法的，卻出奇的少。這家汽車公司掌握到這個明確的機會，要求ＩＤＥＯ針對二十多歲的女性研究新車的構想。

我們一如往常，非常熱心地鑽研這個計劃。我們請了一些女性員工和女性朋友到處去逛街，直到她們逛到像城市用品公司（Urban Outfitters）或是原品公司（Origins）這樣的零售商，讓她們自己完全沉浸在女性購物的文化裡。當然，她們不用真正去買東西。然後我們給幾位女士固定的預算，派她們去汽車經銷商那裡「買」新車。車商的反應從矛盾到態度非常惡劣都有。他們會嚇唬這些女士並且企圖佔她們的便宜。「回去找你爹地來吧。」一名性感的男性銷售員這樣說。和這些女士訪談之後，我們學到了幾件事。最明顯的是，雖然許多女性喜歡逛街購物，大多數的汽車經銷商卻讓她們感到自慚形穢。這是一個被忽略了的大機會。另一個明顯的發現是二十多歲的女性顯然崇尚敞篷車——我們十二名女士中有十一名的車子是敞篷車或是有天窗的車子。

但是再進一步探討，我們發現更微妙的事。從她們逛當地的室內裝潢用品店中，我們發現還有更基本的東西吸引著這些女士，超過敞篷車。她們想要的是輕便和特殊風格——這是大多數現代汽車所缺乏的特質。同時，我們這個專案的場所塞滿了圖片和道具，從有趣的T恤到雜誌拼圖——活潑女性的照片、她們偶像的照片，以及最新款鞋子和服飾的照片。我們這個小組對於所找到的觀念非常興奮，急切地想要和客戶分享我們所發現的看法。但是，從我們所要傳達的活潑內容來看，用標準塑膠封面綁起來的報告書似乎顯得平淡無味。

「如果我們的報告書似乎像那些雜誌一樣，那不是很有趣嗎？」我們有一位成員一面翻著專案室裡頭的幾十本雜誌，一面提出這個建議。這個建議非常有吸引力：輕鬆、自然、像聊天一樣的報告書。活潑的自助式調性。誘人的設計，強調照片和設計多於文字敘述。

我們從未這樣做過，但這個小組對開發新領域非常興奮。他們努力從年輕女性雜誌中挑選出幾本作範本，特別是《幸運》雜誌（*Lucky*），還有完美的尾標：「都是為了購物」。我們「雜誌」裡的故事，講的是我們從訪談、觀察，和腦力激盪中所學到的女性觀點和汽車觀點。我們還做了數十名受訪者的個人圖文檔案：她們是誰、她們開過什麼車子、她們對汽車世界的看法。一篇談轉換的文章探討我們所發現的現象──這些女士都正在經歷人生重大的轉折，從單身到已婚、從青少年到成年、從夜店女郎到初為人母。另一篇談影響者的文章描寫這些女士在面臨生命轉折時，她們所信任，會去求助或是徵詢意見的對象。當然，我們還有這些女性在整個購車過程中的照片（我們公司的新手很多，編個故事說明他們為什麼要以視覺效果來記錄整個過程，完全沒問題）。

這家汽車製造廠的看法如何呢？我們這本三十二頁的假雜誌根本就印不夠。該公司覺得這份報告很不一樣而且有趣，更能發人深省。比他們所習慣的報告更溫馨，更有人情味。最重要的是，這份報告提出了有關女性所重視的關鍵特質這個問題。但我們所講的故事還不完整。因為我們在修正發現事項時，只處理關鍵特質。像「天堂」這個觀念，一名剛從大學畢業的女性，仍然和室友住在一起，汽車可能是她唯一能夠逃離現實，一個人好好靜下來的地方。隨著計劃進行，這些觀念也做了更精確的調整，所以我們想要找新媒體來表達我們的構想。我們採用使用手冊做象徵，很像放在汽車手套箱裡的使用手冊。這是一套給設計師的工具，把我們所觀察到，關於女性希望汽車所具備的特質和功能，詳細列給設計師。

我們用四分鐘的模擬錄影帶來完成這個計劃，一則女性購車之旅的故事——上網研究、到汽車展示場參觀選擇所要的車種，和室友開著車子出遊。一本自助型雜誌、一份汽車使用手冊、一捲模擬錄影帶——三項非常特殊、非常專精的說故事工具，幫我們把觀察和發現所得，轉製成具體的行動藍圖。別忘了說故事的重要性。只要以開放的心胸去思考，任何小組都可以找到最合用的媒體工具來表達自己的故事。也許你不相信老馬歇爾．麥克魯漢（Marshall Mcluhan）的名言：「媒體即訊息」，但合適的媒體必然能夠對你想要表達的訊息產生協助和強化的效果。當你在製作訊息時，請注意哪一種媒體最能表達你的想法。

別砍掉那資訊式廣告（Infomercial）

有時候，如果故事能夠讓人嚇一跳，效果會更好。我在此舉一個聽起來可能有點嚇人的點子：如果你正在尋找更好的方式來說企業的故事，不妨考慮激進的方法——惡名昭彰的資訊式廣告。

我沒有發瘋。我知道資訊式廣告的風評不怎麼樣。但是有創意的說故事人會保持開放的心胸，在不尋常的地方尋找學習機會。不管你喜不喜歡，電視上的資訊式廣告是現代非常專注的說故事型式。從現象觀之，它們非常成功，而且不會消失。

最佳的資訊式廣告之所以有效是因為替產品建立一個詳盡且具說服力的案例。企業也必須經常做同樣的事，不論他們是在推動公司的計劃或是向事業夥伴介紹產品或服務。那麼，資訊式廣告的成功因素是什麼?約翰・佛希姆（Johann Verheem）是EQ媒體夥伴（EQmedia Partners）資訊顧問公司的創辦人，他說，在廣告結束之前你必須製造三次小高潮。你先引進懷疑或矛盾，製造大家的疑慮氣氛，然後再一個個擊破。你儘管笑吧，但大多數企業的錄影帶，說服力遠不及資訊式廣告，也沒有那麼淺顯易懂。看了三分鐘之後，它們通常還在介紹他們的倉庫有多大，而資訊式廣告早已經在講故事，並建立相當的張力了。

資訊式廣告能夠如此成功地「調整」回應率，部分原因是因為它們擁有令人羨慕的快速回饋迴路——立即撥打八〇〇免費電話，有「接線生」為您服務。關於立即回饋的力量，沒有任何資訊式廣告做得比喬治福爾曼烤具公司（George Foreman grill）還好。最初薩爾頓（Salton）在推廣這項商品時並沒有名人背書，而這種新烤肉爐的業務員也是意興闌珊。即使後來找退休拳王喬治・福爾曼來拍第一支廣告，效果也不是很好。後來，在一次非正式的偷拍下，福爾曼從烤爐抓了漢堡就大快朵頤起來，似乎沒有察覺攝影機正在拍他。當這個真實鏡頭在下一波的資訊式廣告中出現時，電話交換機像時代廣場一樣閃爍個不停。營業額一飛沖天，從此以後，每一檔資訊式廣告裡都有偷拍攝影機。

當然，我並不是建議你直接去模仿資訊式廣告。但實際的狀況是許多企業說故事的方式還是陷在企業錄影帶症候群裡——乏味、令人懷疑，只顧著說明公司的目標，偶爾還會讓人覺得意識痲痺。他們非常需要幫助。所以，如果你有一個牽涉重大利益的故事要講，但時間卻不多，不妨拍些優秀的廣告、電影，甚至於，是的，資訊式廣告。有用的就用，沒用的擺一邊，想一些不一樣的東西為你的故事注入新能量。

超越幸運籤餅（Fortune Cookie）

好故事以各種形式、各種規模來發揮作用。每年幸運籤餅可以賣好幾百萬個就是來自說故事的力量。否則，幸運籤餅賣得這麼成功，就讓人難以理解了。我們看：幸運籤餅並不是任何一本美食評鑑前十名的食物，而且這種餅乾的質感就像是塑膠射出成型所做出來的。它們的古板造型倒是沒什麼問題，但這絕不是廚藝的展現，甚至也不能滿足我們的口腹之慾。那麼，這種餅乾長期流行的原因為何？為什麼？答案當然是「幸運籤」。幸運籤餅是百分之十的餅乾和百分之九十的體驗，而且我們都愛這個習俗，先討論餅乾要怎麼分給每一個人，然後在酥脆的咀嚼聲中咬開，一面拿來當點心吃，一面在餐桌上對著大家大聲讀出籤詩。很簡單，也很有趣。這是個共享的經驗。

你是否注意到這幸運籤餅現象已經擴散到其他場所？我第一次看到不是餅乾的幸運籤是在帕洛米諾（Palomino）餐廳（ＩＤＥＯ舊金山辦公室對面就有一家）。帕洛米諾和中國餐館一樣，吃完晚餐送上帳單時，也送上幸運籤（我想他們想要淡化客戶所受的打擊）。帕洛米諾的幸運籤要費點工夫才打得開（要撕開那打好孔的三個邊），這也是幸運籤餅習俗的一部分。他們那有趣的小籤詩讓每個人在用完餐之後還能夠分享一下裡面的智慧。

幸運籤餅的智慧從東方傳到西方，然後，再從食物傳到飲料。如果你還沒發覺，我告訴你，大多數的高級果汁和冰紅茶（特別是玻璃瓶裝的），就利用金屬蓋裡層，放進小小的媒介機會。誠實茶（Honest Tea）也和幸運籤餅一樣，引用古老智慧，只是他們的籤詩，沒有孔老夫子那麼久遠。我上次喝的那瓶誠實茶，裡頭寫的格言是莉莉．湯蓮（Lily Tomlin）所說的：「即使你在爭名奪利中脫穎而出，你仍舊是個凡夫俗子。」寥寥數語的籤詩還稱不上故事，但它們往往可以打開話匣子，在一群朋友和同事間產生連鎖反應，開始談自己的故事。

ＩＤＥＯ跳上了到處說故事的列車，建議在品客（Pringles）洋芋片上用食用顏料印上謎語或是有趣的故事。沒錯，寶鹼果然用一個很聰明的方法來做這件事，從追根究柢棋盤遊戲公司（Trivial

Pursuit）找來一組人寫內容文案。這只是從幸運籤餅所變化出來的小創新，卻能使食用品客洋芋片變成有趣的社交活動。而且在第一年就讓市場佔有率增加了百分之十四。

你能夠運用說故事或教導的方式，在細節上鞏固客戶和你之間的連結嗎？你的車子在我每次發動時，是否可以讓我享受一點娛樂或是學到一點東西嗎？你的電梯能不能講個故事，讓我在今天的會議上現學現賣？你的手機服務網路是否提供撥電話聽故事服務，讓我聽到我想聽的故事？因為即使是最小的故事，都能發揮很好的效果，讓你的服務或產品變得更出色。

說故事的七個理由

為什麼企業必須成為優秀的說故事人？這個問題，我們已經提供了許多想法。我們舊金山辦公室的蘿西．蓋維奇甚至還在IDEO成立了一個推廣小組，宣揚說故事有助於創新的最新看法。

下面列出七項她認為企業應該成為優秀說故事者的理由。

1說故事可以建立可信度

我們經常在客戶的啟動會議上說一些親身實地研究的故事。雖然客戶可能在他們的產業裡已經有數十年的經驗，但讓他們直接從我們這裡聽到第一手故事（來自最近的觀察），還是可以建立我們的可信度，即使我們的故事和客戶的市場感覺相左之時（也許，特別是當我們的故事和他們的感覺相左之時）。熱忱和新鮮的觀察值得尊重。客戶也許瞭解某個產業，但是當說故事人述說著動人的親身經驗時，在他們自己的經驗領域裡，就是個專家。

2說故事可以紓解強烈的情感，有助於群體關係之建立

感人肺腑的故事可以激起情緒反應，刺激出非常有價值的想法。誠如我前面所提的，我們經常在案子的啟動會議上請客戶說出有關特別正面或是特別負面服務經驗的故事。與會人員在談到特別好（以及特別糟）的遭遇時，還會落淚哭泣。當每個人都笑了，或是點頭認同時，團隊的力量就更強大，也更為專注。你會感到驚訝。即使高階主管喜歡用左腦，遇到觸及基本人性問題的故事時，分析性方法也會變得相當情緒化。

3故事「獲准」去探討矛盾或令人不悅的議題

有時候，我們會請小組成員試著來一段分享秀：以說故事的方式，介紹自己最喜歡的東西。最近有一個客戶帶來登山用的碎冰錐以象徵他的產品必須具備依賴性、可靠性，和信任感。通常，以抽象方式來討論這種容易讓人「想歪的」觀念時，難免令人覺得不舒服，但是在故事的說明之下，卻變得很自然。說故事就有點像特洛伊的木馬行動，越過吾人最初疑慮的防衛心理，讓我們能夠敞開心胸，討論相關的構想。

4說故事可以主導小組的看法

我們並不反對研究人口統計學、產業動態，和市場趨勢。但光有事實，並不足以指引方向或是對新計劃產生啟示作用。一則動人的故事則可以做為促成小組共識的寓言。大多數偉大的領導人都以說故事來做為成功策略的一部分——古時候，大家是圍在營火旁，現在則運用所有能夠用得上的現代溝通工具。

5說故事會創造英雄

在我們許多創新工作中，具有啟發效果的觀察，通常就建立在真實人物的故事上——而這些人，就是對既有產品或服務有所不滿的客戶（或準客戶）。我們以這些人的名字為專案所定出來的目標命名。你會聽到組員說：「這對莉莎有幫助嗎？」有時候我們會像電影一樣，從這些真實人物身上取出一部分元素再結合起來，綜合成一個虛構的人物。這些虛構的人物就是我們的英雄——也是創新所要滿足的客戶。

6說故事可以提供你變革的詞彙

介紹新觀念及刺激新對話以鼓勵創新，是我對企業聽眾演講的目的之一。過去這二十五年來，許多好書把新詞彙帶進了全世界的會議室裡。例如，瑪爾坎·葛拉威爾在一九九〇年代末期頗為流行的用語「引爆點」、克雷頓·克里斯汀生（Clayton Christensen）提出「躍進式技術」（disruptive technologies）一詞，以及傑佛瑞·墨爾（Geoffrey Moore）讓商界人士談論「跨越鴻溝」（crossing the chasm）等。在IDEO，我們的最好故事裡，就含有豐富的詞彙，為創新工作提供新架構。在公司裡，我們會說，「T型人」運用「設計思維」在「想像所建立」的計劃「第零階段」裡，想出突破性的方法。公司裡的用語，有些可以望文生義，有些則不是那麼清楚，但我們故事裡所用的詞彙可以強化觀念，加速創新之散播。語言是思想的結晶，因此，詞彙和故事一樣重要。

7好故事能在混亂中形成規則

我們有太多的待辦事項、太多語音留言，以及太多未讀的電子郵件。我們養成了對混亂現象採取心不在焉的習慣，讓我們可以用過濾、忽略，或故意忘記等方式，從一件事跳到另一件事——否則我們將會疲憊不堪。好好的說故事可以破除這個迷障。回想一下多年以前的事：很可能你已經想不起來某一封電子郵件，或是某次談話的內容。但我敢打賭，你還記得多年前你父母、第一個老闆，或最要好的朋友說給你聽的故事。說故事是開始建立關係的方法——不論是在生活上或是工作上。

參觀的故事

別忘了，說故事的最好機會就在你身邊。你身旁的實體空間在重要故事的交流上，其潛力不是任何PowerPoint簡報所能匹敵的。

帶客戶或是訪客參觀IDEO是一件很普通的事。雖然和參觀環球影城不能相提並論，但顯然還是有資訊和娛樂上的價值。十八年來，我自己就帶過上千次的客戶參訪，所得到的客戶回饋是：非常值得參觀。參觀行程要怎麼安排？IDEO人會帶著來賓在公司裡到處逛，以「故事引子」導引美國人說故事的方式，一路上碰到什麼地點或是什麼設備就講個相關故事。我們有好幾個「故事入口」，在這些地點，可以看到我

好故事能在混亂中形成規則。

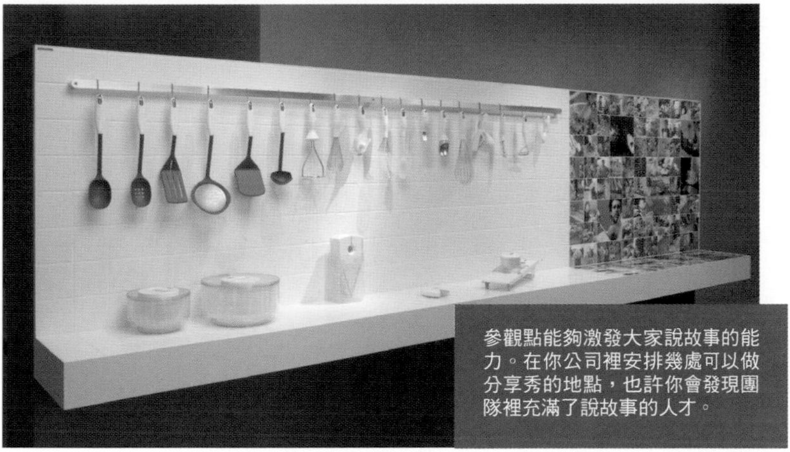

參觀點能夠激發大家說故事的能力。在你公司裡安排幾處可以做分享秀的地點，也許你會發現團隊裡充滿了說故事的人才。

們今年所做出來的產品或服務，還可以看到我們的「資料吧檯」及「技術箱」。沿路有幾處參觀點，展示一些我們認為值得拿來和大家分享的個案研究、創意過程，或新觀點。在參觀過程中，還會經過我們多彩多姿的辦公室，讓訪客對我們的工作，以及我們如何工作有所瞭解。

為什麼參觀活動一直是如此活潑豐富？我以前認為是因為我們那不斷改變的辦公室（大家都認為我們的辦公室與眾不同），以及形形色色的各種工作成果。最近我才瞭解，參觀活動一直如此讓人感到新鮮，主要是因為我們沒有講稿、沒有既定行程，也沒有官方規定的景點。全部都是口頭上的傳統而已。我自己所帶的一千多次參觀中，沒有二次是相同的，而我同事所帶的參觀，更是和我的帶法不同。我們認為你不應該把公司的參觀活動交給一兩個專家來負責——不論你的公司是生產泰迪熊或是電腦晶片。如果你想要一直擁有新鮮而充滿變化的故事，你需要各式各樣的人來做這件事。

參觀工作做得好，不只可以展示公司的成就，還可以充實你公司的說故事文化，提升團隊士氣。在一家大家都想參觀的出色公司裡上班具有特殊意義。這也是為什麼參觀活動在說故事上的價值，不是單靠PowerPoint就可以達成的。親身體驗，無可取代。

過去這幾年來，我注意到大企業在參觀場所的設置上，明顯地提升許多。以前我曾經在導覽之下參觀新力公司品川總部大樓上面的媒體世界（Media World），我將這次參觀評為世界第一。那有點類似經年舉辦的商展，主題為消費級和「玩家級」電子產品的最近展望。然而，我承認，當我二年之後再次造訪，發現裡頭所展示的技術和故事似乎完全沒變時，我真的有點失望。過度投資參觀場所的問題，就是必須用一段相當長的時期來攤銷這筆投資。我們的參觀場所比較沒有那麼豪華，但我們只要花最少的投資，就能不斷地增補修改。

一旦場所建好了，你就需要才氣和熱忱兼備的人來負責導覽工作。如果所要展示的東西很有趣，如果在行程各站中，你所遇到的職員都很幫忙，那麼你就很容易請到導覽人員，並留住他們。我最主要的建議是讓每個導覽人自由發揮，以他們所喜愛的解說點和旁白來規劃他們自己的參觀行程。這樣，第一千次參觀也許就和第一次一樣自然而具有啟發性。而且你將發現，參觀活動也有自己的生命。

不論你說的是什麼故事——不論是參觀你的酷辦公室、或是你正在開發的新服務原型影片，請記住說故事人的第一條規則：保持真實性和娛樂性。要讓人產生情緒共鳴。要成為大家樂於轉述的故事。因為故事就是你個人遺產以及品牌基礎的一部分。

11

集大成

我堅信角色的刺激力量。即使只採用一種新角色，也能夠為你的企業帶來文化上和業務上的效益。但是當你集數種角色融合成多元的團隊時，真正的效益才會展現出來。創新終究是個團隊競賽。讓每個角色都能發揮所長，那麼你就能在創新上產生正向的力量。

成功的團隊，不必在每種角色的技巧和工具上，樣樣都是「全班第一」。就像奧運的十項全能比賽，目標是在多數的項目上有一定的實力，並在少數項目上達到真正的頂級水準。如果你的團隊在人類學家的田野工作上非常優秀，也許，沒有世界級的舞台設計師你也可以表現得很好。同理，你從實驗家在嘗試錯誤中所獲得的東西，能夠減輕你對優秀異花授粉者的需求。如果創造和維持創新文化有十種方法，你的總分才是關鍵，亦即，在你面對競爭時，還能穩定勝出的能力。

致勝於創新

長久以來，賣力工作和老式的埋頭苦幹，一直是創意過程中的重點。即使是天賦異稟的運動員也會提醒我們，透過有紀律的努力，才能把才華發揮出來。組一個創新團隊很像參加運動比賽，許多原理相同，可以一體適用。

1拉筋以提升力量。長期而言，彈性對你企業的重要性大於規模和勢力。雖然伯利恆鋼鐵、泛美航空，和蒙哥馬利華德百貨（Montgomery Ward）等企業在其全盛時期的規模都非常龐大，其市場佔有率卻大幅斷送於反應靈敏的公司手上，這些公司以新的營運模式來破除舊勢力。像異花授粉者和實驗家這種角色就有助於保持你企業的靈活和新鮮。彈性是一種新力量。

2持之以恆。創新並非只是一項專案而已。而是一種生活方式——就如同真正的健康計劃並非只是減肥計劃，而是一種健康的生活方式。任用各種角色及培育創新文化並不是行銷、人力資源，或研發等部門的專屬工作。在偉大的企業裡，創新精神充滿了整個組織。時時讓你的創新角色保持在最佳狀態，並鼓勵你的團隊也這麼做。

3絕不投降。頂尖的運動員在日常操練以及比賽活動中，有一種永不放棄的堅持。跨欄運動員即使在起點時只看到一兩個障礙，他們依然瞭解，全程要克服一系列的障礙。導演知道，對新構想採取穩定的步伐前進，比一開始全力衝刺卻虎頭蛇尾，幾個月之後就放棄了還好。共同合作人透過和其他內部及外部的團隊合作，把工作任務分配出去，讓你的能量倍增，企業的精力也得以延伸。大多數的創新角色都有同樣堅持到底的精神，透過不斷學習，堅守信念，持續推動他們的構想。

4擁抱精神遊戲。幾乎每一位成功的運動員都會告訴你，他們的競爭精神非常重要，尤其是在疲憊挫折之時。有哪些負面想法或負面的行為模式會讓你打退堂鼓？你能夠消除哪些盲點？在跳了二次都失敗而且全世界都睜大眼睛在看時，你必須有非常集中的精神才能完成那第三次的撐竿跳。同樣的，所有的創新角色，特別是跨欄運動員和實驗家，在常識和疲憊的身體都對自己說該放棄了的時候，必須有堅強的意志才能繼續撐下去。創新者在他們的同伴早就放棄或退讓之時，依然能以非凡的意志追求理想。

5重視教練。即使是個人比賽，大多數的高手都有一位對他們有信心的教練。而且，雖然好教練能夠把你推向成功，但不好的教練（或者，有時候根本就不找教練），會讓你的前途發展和你的人生受到限制。如果你的教練就像傳奇性跳高選手迪克・佛斯貝里早期的訓練老師一樣，一直要你放棄你的創新構想，也許，你該找一位新導師了。找一位你相信能夠幫你培養人類學家、共同合作人，或是說故事人的教練。教練找對了，能夠讓你的潛力發揮出來，而且，你也能感受到這個差異。

在籌組團隊時（不論是運動團隊或是企業團隊），你不可以過度依賴一個明星隊員。想辦法把各種角色和各種性格的人融在一起。當然，組員的專長和見解各不相同，每隔一陣子就會產生摩擦，但當你不斷在追求創新時，一點點建設性的小衝突頗有助益。所以，好好地檢視一下你的團隊組合。多數時候，團隊的長處是什麼？有哪些部分還不足？你需要培養或召募新角色嗎？例如，人類學家或異花授粉者可以幫我們找到哪些我們所察覺不到的機會？哪些地方實驗家能夠透過嘗試錯誤的方法，幫你篩選或驗證更多的構想？你能夠運用跨欄運動員、共同合作人，或導演來保持新提案不斷進行嗎？舞台設計師是否能夠在你的場所裡，讓團隊產生新能量，或是讓客戶享受更佳的體驗？你是否充分運用你的內部和外部說故事人？幸好，你不必去找一位可以扮演所有創新角色的人。你可以把一組人整合起來以達到同樣的效果。讓你的創新團隊發揮最大力量，如此，你們將共享成功果實。

角色頭銜之配置

我熱切地希望，本書能夠引發許多有生產性的對話，進而導致大家採取行動。我希望這些對話的漣漪效應能夠促進企業重建企業文化，產生有機的成長。成功經營的企業在採用這些角色時，要注意一件很重要的事，這些創新角色並不一定要取代既有的職位或頭銜。過去幾年來，我發現許多企業已經有創意總監的職位，甚至還見過一些人的名片上印著體驗建築師，但就有效運用角色而言，這些頭銜並不重要。例如，我們IDEO裡就有許多的體驗建築師和異花授粉者，但我們從未將此頭銜印在名片上或是寫在職務簡介上。這些角色可以和傳統的頭銜相容並存。像工程師、程式設計師、專案經理，和執行經理等名號短期內並不會消聲匿跡。你可以是一名工程師，同時擁有異花授粉者的心理，以及實驗家的精神。如果運用得好，你就可以讓這些才華產生綜效。

也許你還不知道，但我敢說你已經在既有的角色上添加了許多不同的角色。當我為人父時，突然間，這個角色成為我最重要的角色。當然這個角色要花許多時間去扮演。但我並沒有因此而放棄其他的角色，例如丈夫、弟弟，或是IDEO人。這些角色，任何一個都不會抑制其他角色，而且我和大多數人一樣，經常在角色間變換。如果一切順利，這些角色還有奇妙的互補作用。

結論是，將創新角色融入傳統以專長為基礎的角色是可行的——甚至是我們所希望的。即使你的名片上寫著系統分析師，你還是可以擔任人類學家。你可以是行銷部的異花授粉者。你可以是出納部門的跨欄運動員。人力資源部的舞台設計師。甚至於你是財務出身也可以擔任說故事人。不要讓頭銜或職稱影響了你的行動。如果你能夠舉出一串改造世界的人名，我就能告訴你這些人並未受制於傳統的角色。

還記得定義明確的T型人這個概念嗎？這是IDEO在徵人以及職業發展上非常核心的觀念。也許對你而言，你所扮演的角色就是「T」字上的橫槓。如果你已經花了許多年建立專業領域的深度，那麼，成為共同合作人、看護人，或是實驗家也許就能增加你的廣度。我們相信未來是屬於T型人的。要取代T型人並不容易。你的才華越廣，在跨領域範圍裡的存活能力就越強，也越不容易被淘汰。

雖然我認為十種角色都有用，你並不需要在每個專案中都採用十種角色，更不必隨時隨地都擁有這十種角色。木匠的工具箱是個很好的比喻。你很少需要同時用到所有的工具，但完美的工具組就是你經常用到的那些工具。

創新並不會自動發生，但如果有一組正確的團隊，你就能面對挑戰。所以，不妨與人類學家、實驗家，和異花授粉者一起去尋求新的學習途徑。與跨欄運動員、共同合作人，和導演一起去為創新做準備。請舞台設計師幫你建造舞台，並帶領體驗建築師、看護人，和說故事人一起來博取觀眾的喝采。創新不只是讓企業起死回生而已。創新已經成為一種生活方式。有趣、活力十足，而且有效。如果你的企業擁有這十種角色，你就可以在組織裡推動創意，並建立獨特的創新文化。

祝你好運！

國家圖書館出版品預行編目資料

決定未來的10種人／Tom Kelley &
Jonathan Littman 著；林茂昌譯.
-- 初版. -- 臺北市
：大塊文化，2008.04
面：　公分. -- (from ； 49)
譯自：The ten faces of innovation:
IDEO's strategies for beating the devil's advocates &
driving creativity throughout your organization
ISBN 978-986-213-050-6 (平裝)

1. 組織變遷　2. 組織管理

494.2　　97003454

LOCUS

LOCUS

LOCUS

LOCUS